JN281160

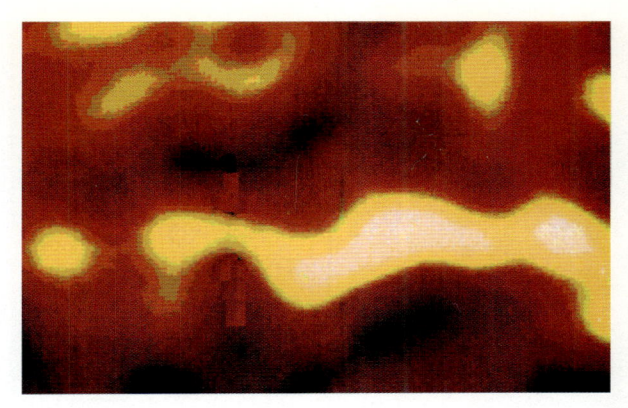

口絵1 近接場光学顕微鏡による観察で得られた，紐状のDNAの分子1本の像（(財)神奈川科学技術アカデミー R. Uma Maheswari 博士による）．本文58ページ，図4・1を参照のこと

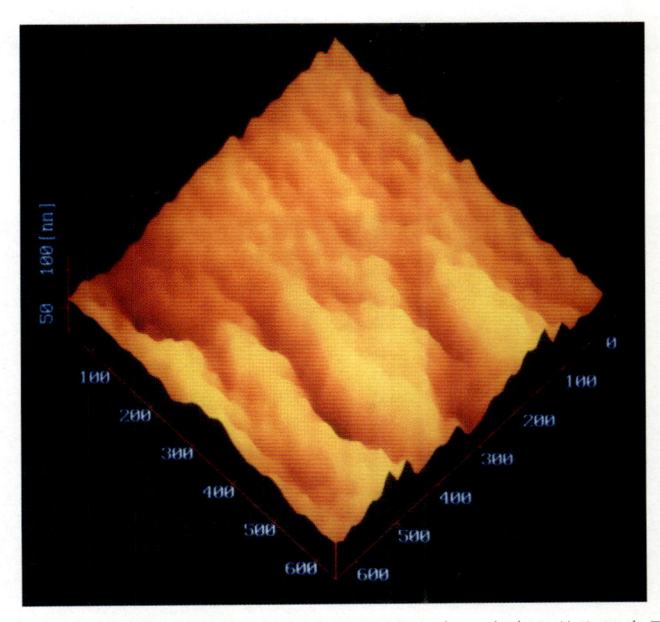

口絵2 近接場光学顕微鏡による観察で得られた，水中のサルモネラ菌の鞭毛の像．絡み合った5本の鞭毛が見えています．その幅は約30nm（(財)神奈川科学技術アカデミー 納谷昌之氏による）．本文61ページ，図4・2を参照のこと

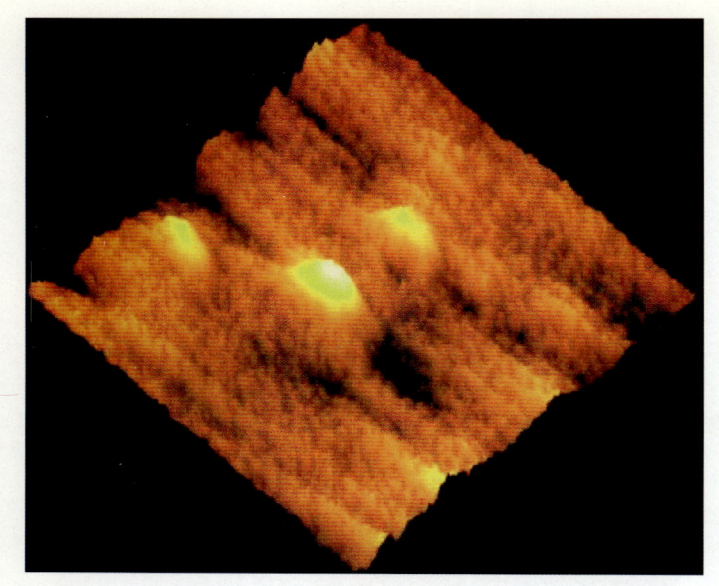

口絵3 光ナノ粒子を使ったCVDによって,ガラス板の上に近接して堆積した2つの小山のような亜鉛(東京工業大学大学院 山本洋氏による).本文93ページ,図5・2を参照のこと

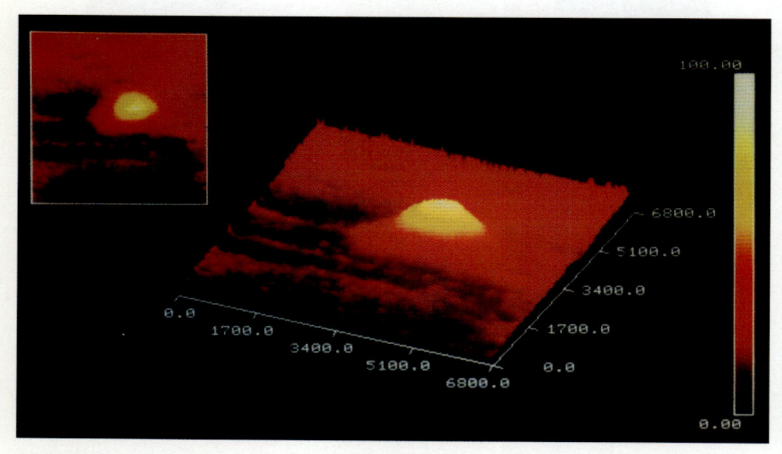

口絵4 光ナノ粒子によってフォトクロミック材料に記録した後,再生した結果(中央円形の白い部分).直径は約50nm(東京工業大学大学院 蒋曙東氏による).本文103ページ,図5・6を参照のこと

ポピュラーサイエンス

光の小さな粒

——新世紀を照らす近接場光——

大津 元一 著

裳華房

編集委員会

塩田三千夫（お茶の水女子大学名誉教授）
福岡　久雄（元 東京女学館高等学校校長）
増井　幸夫（元 関西女子短期大学教授）
山崎　昶（日本赤十字看護大学教授）

R 〈日本複写権センター委託出版物〉

まえがき

　常識で考えると，本書の題名の中にある"光"と"小さな粒"とは互いに矛盾していることに気がつくかもしれません．少なくとも，今までの光の常識では矛盾していると考えられてきました．なぜなら光は蛍光灯などの光源装置から出て空間を進むとき，どんどん広がってしまうからです．レーザーという"夢の"光源装置から出た光はまっすぐに進み，広がらないのではないかと考えるかもしれませんが，これでさえも実は広がっているのです．従って，凸レンズでこれらの光を集めて紙にあててみても，光は紙の上で点にはならず，1/1000 mm またはそれ以上の大きさの円になってしまいます．つまり，それよりも小さな"粒"を作ることはできません．また光が広がるために，蛍光灯のまわりで私達は本を読んだり，生活したりすることができるのです．もし光が広がらなければ蛍光灯の真下だけが明るく，そこから少しでもはずれると真っ暗な闇となり，蛍光灯は照明の役割を果たしません．光の学問は，科学の中でも最も長い歴史をもつものの1つと言われていますが，以上の話は，その長い歴史の中で基本的な原理，常識と見なされてきたことです．

　ところで光について，すでに一生懸命に勉強した人は"光子という光の粒があるよ"と思うかもしれません．ここで，光子とはフォトン (photon) という英語の和訳です．"こうし"と読みます．

"みつこ"と読むと，女性の名前のようになってしまい正しくありません．光についての教科書によると，たしかに"光子は光の粒である"と書かれていますが，これは，実は空間的に見て"小さな粒"であるということを意味しているのでは決してなく，そのエネルギーが，電子や原子などのような"小さな粒"と同じような性質をもつという意味なのです．つまり，光子も空間的に広がっているのです．

以上では，いきなり難しい光子の話まで出てきてしまいました．しかし本書の本文では，光子を扱うわけではないので驚かないでください．その代わりに本書では，最初に述べた常識を覆す新しい光について説明します．それは本書の副題にある**"近接場光"**と言われる**"光の小さな粒"**なのです．この光を作り出すことは，私が1980年頃から約20年かけて挑戦してきたことで，ようやく約10年前から"光の小さな粒"がどんどん作れるようになりました．欧米でも，私と同時期にこのような研究を開始していますので，今ではこれを作ることができる人の数が増えています．

"光の小さな粒"とは，鋭く尖らせたガラス製の光ファイバの先端にしみ出す光で，あたかも小さな懐中電燈のようなものです．本文中ではそれを"光ナノ粒子"とも呼んでいます．"ナノ"とは"ナノメートル"，つまり100万分の1 mmを表す単位ですが，光の小さな粒はそれほど小さいということを表す名前です．"何だ，懐中電燈を作る話か"と思われるかもしれませんが，このように光の小さな粒ができると，これがいろいろな新しい技術を生み出していくのです．たとえば読者の皆さんにおなじみのCD, MD,

まえがき

DVDなどの光メモリの性能を100倍以上向上させることができます。これは21世紀の高度情報化社会に大いに役立つことがわかっています。また，空中を飛んでいる原子を捕まえるというような極限的なことをはじめとし，今までの光を使ったのでは到底できないと考えられてきたことを，次々と可能にしつつあります。つまり，この光の粒は"小さい"けれど，話は革命的で"大きい"のです。

今年から21世紀が始まりましたが，本書でその21世紀を明るく照らす"光の小さな粒"のお話を紹介することができることは私にとって大きな喜びです。さらに本書では，こぼれ話も紹介するために 話の小さな粒 の欄も設けましたので，ここにもお立ち寄りください。本書を読まれた後，さらに興味をもたれたのなら，巻末にあげた参考書をお読みになることをおすすめします。

最後に，本書の執筆をお勧めくださり，出版に至るまで忍耐強いご協力と多大のご援助を頂いた裳華房編集部の亀井祐樹様をはじめとする皆様に感謝いたします。

2001年8月

大 津 元 一

目　次

第1章　光は大きい

1・1　光の色って何？―光の歴史―……………………1
1・2　光科学技術に限界あり…9
1・3　21世紀の社会は待ってくれない………………12

第2章　光の小さな粒を作る，使う

2・1　光の小さな粒の作り方…19
2・2　作り方の少し詳しい説明………………………23
2・3　光の小さな粒の使い方…36

第3章　ファイバプローブを作る

3・1　どんなファイバプローブが必要か？……………46
3・2　ファイバプローブができた！………………52

第4章　測　る

4・1　形を見る………………57
4・2　構造を調べる…………67
4・3　広がる応用……………82

第5章　加工する

5・1　小さな物質を作る……88
5・2　ナノ寸法の光集積回路へ向けて………………96
5・3　超高密度の光メモリを作る

viii　　　　　　　　目　　次

·················99　　　　　　　　　·················104

5・4　光メモリの実用化への挑戦

第6章　原子を操作する

6・1　操作のしくみ ………115　｜　6・3　広がる応用 ……………124
6・2　原子を導くトンネル …118　｜

第7章　将来の夢 ― あとがきにかえて ― ……128

もっと知りたい人のために ………………………………………135
索　　引 …………………………………………………………136

話の小さな粒

光子の野球　4／文豪ゲーテと色彩　7／モデルの階層性とアトム　29／魚の見る天空 ― 全反射とエバネッセント光 ―　31／ファイバプローブを作り始めた頃の苦労　49／近接場光学顕微鏡の名前　65／蓮の葉の上の水滴 ― 量子ドットの作り方 ―　70／地上すれすれに飛ぶジェット機　105／レンズは"RENS"?　111／ボスの居ない間に活躍　122／長さ300 mの管の中を通り抜ける　124

本文イラストレーション：つかもとえつこ

第1章 光は大きい

1・1 光の色って何？— 光の歴史 —

　ビッグバンによって宇宙が誕生しました．その直後，物質を構成する原子などがまだ形をなさないような高温状態にあったにもかかわらず，光のエネルギーは宇宙に満ちていました．さらにその後，宇宙が膨張するとともに温度は下がり，物質ができ，やがて光は生命をはぐくみ人類を誕生させました．そして人類はその光の中で文化，歴史を作ってきました．今では，光は私達の日常生活とは切り離せないものですが，このことが逆に，私達を光に対して無関心にさせてしまっているのかもしれません．しかし優れた先達は光について深く考え，光の性質を調べる研究を行ってきました．

　さて，ここで光の色についておさらいをしておきましょう．というのは多くの人が，光の色とは波長のことだと信じているからです．光が空間を進む波であることはよく知られていますが，波長とは**図 1・1**(a)のように，その光の波が振動しながら空間を伝わるときの繰り返しの1周期の長さです．たしかに光についての本を読むと，光の色を区別するのに波長の値が使われています．たとえば青，赤の色の波長は各々480 nm，680 nm 程度です（n は"ナノ"と読み，10億分の1を表します．m は長さの単位，つまり

光の波

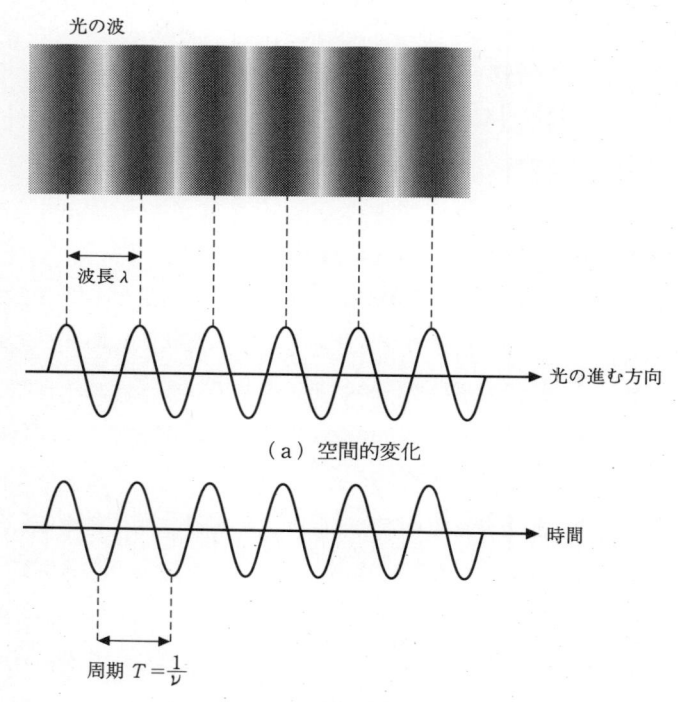

波長 λ

光の進む方向

(a) 空間的変化

時間

周期 $T = \dfrac{1}{\nu}$

(b) 時間的変化

図 1·1 光の波の振動のようす

メートルです）．そして人間の眼で見える光，つまり可視光の波長は約 390 nm ～ 760 nm です．これより短い波長の色は紫外光，長い波長の色は赤外光と呼ばれています．

しかし正しくは，光の色を決めるのは周波数なのです．ここで周波数とは図 1·1(b) のように，光の波が時間とともに振動するときの繰り返しの頻度です*[次ページ]．波長は空間的な繰り返しの周期であり，周波数は時間的な繰り返しの頻度なので，どちらも同

1・1 光の色って何？― 光の歴史 ―

じようなものだと思うかもしれません．たしかに光についての本によると，周波数 ν と波長 λ とは $\nu = c/\lambda$ という公式で表されており，互いに反比例の関係にあることが知られています．ここで c は，光が空間を進む速度です．従って光の色を区別するのには，波長と周波数のどちらを使っても同じように思えます．なお c の値は，空間が真空の場合，毎秒3億 m です．つまり光は，1秒間に地球の赤道のまわりを7周半するほど速く進みます．従ってこの公式によると青，赤の色の周波数 ν は各々約 625 THz，440 THz（T は"テラ"と読み，1兆を表します．Hz は周波数の単位，ヘルツです）という大きな値であることがわかります．

ところで原子，電子などの非常に小さな物質の振る舞いを記述する理論である量子論（これは現代物理学の基礎として，なくてはならない理論です）によると，光のエネルギーの最小単位は $h\nu$ であることがわかっています．ここで h はプランクの定数と呼ばれ，6.63×10^{-34} Js（J はジュール，s は秒です）という小さな値をとります．ν はもちろん，光の周波数です．青い光，赤い光の場合，$h\nu$ の値は各々約 4.1×10^{-19} J，2.9×10^{-19} J という非常に小さな値です．このような最小単位のエネルギーをもつ，いわば光の"エネルギーの粒"は光子と呼ばれています．英語ではフォトンです．実際の光は図1・2に示すように，この光子の集まりです．

---

* （前ページの注）波は空間を振動しながら伝わるのと同時に，時間的にも振動しています．この時間的な繰り返しの長さ T（秒）は周期と呼ばれていますが，繰り返しの頻度とは，その逆数 $1/T$ で，これは周波数 ν と呼ばれています．

第1章 光は大きい

第1の光子：$h\nu$

第2の光子：$h\nu$

⋮

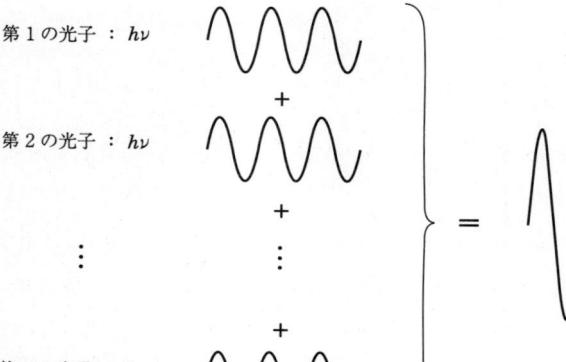

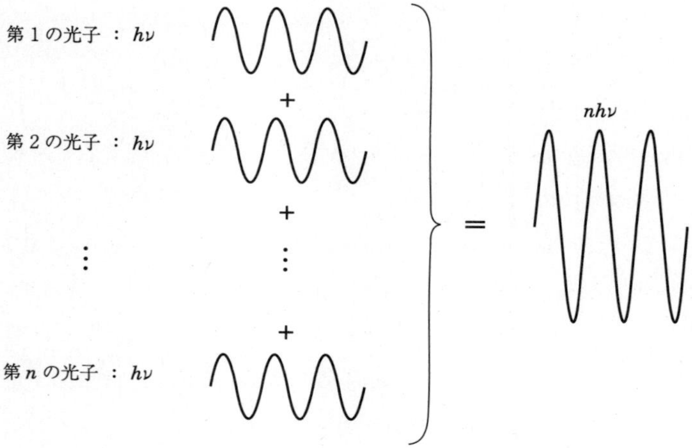

第nの光子：$h\nu$

$= nh\nu$

図 1·2 光のエネルギーの単位 $h\nu$ と，その総和 $nh\nu$

つまり光のエネルギー W は $nh\nu$ です．ここで n は光子の数です．なお，光子はあくまでもエネルギーの最小単位の粒であり，空間的な寸法が小さい粒ではないことに注意してください．光子は光源から発した後には空間の端から端まで，大げさに言うと宇宙空間全体を満たしているのです．

──────── 話の小さな粒 1 ────────

光子の野球

量子論によると光も，原子や電子などの小さな物質も，波と粒子の両方の振る舞いをし，これらがどちらの振る舞いをするかは，測定の方法によることがわかっています．このような二面性をもつものは"量子"と呼ばれています．**図 1·3** に示すのは，このような二面性を表す量子を

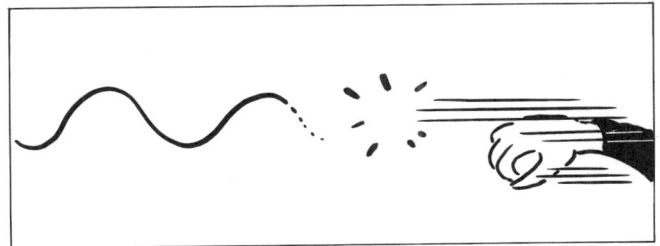

図 1・3 量子の野球（*Physics Today*, 48(8), 94 (1990) の図をもとに再描画）

使った野球です．量子が波と粒子，どちらの振る舞いをするかは測定の方法によります．ボールが量子に対応しています．しかし光の量子である光子は，この図のボールのような"粒"ではありません．本文でも述べたように，空間に満ちているものです．

さて、光の色の話に戻りましょう．ここで言いたいことは、色を見分けるのは人間の眼だということです．つまり色について考えるときは、人間の眼の働きについて考えなければなりません．色というものは**図 1・4**のように、光が眼に入り、これによって神経が興奮し、それが大脳に伝えられたときに初めて生じる感覚なのです．そして神経が興奮するというのは、眼の中の神経細胞に光があたり、光子のエネルギー（その値は $h\nu$ でした）が神経細胞に吸収され、神経細胞から電気信号が発生することを意味しています．従って光の色は、周波数 ν によって区別しなければならないのです．

量子論が出現する 20 世紀初頭よりはるか昔、17 世紀には、ニュートンが"光線に色はない（The rays are not coloured.）"と言っており、色は人間の感覚、すなわち色覚であると言いました．さらにニュートンはフィット（周波数）という概念によって光の性質を表し、光のエネルギーの"粒子説"を唱えました．この考え方は当時、光を波として捉える光の"波動説"を主張するフックやホイヘンスとの間で論争になりました．これらの論争がもと

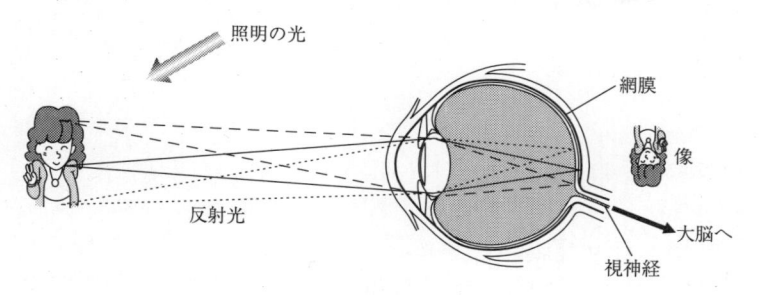

図 1・4 人間の眼による色の区別

になって現代の量子論が作られ，光子という概念が生まれたのです．

———————————— 話の小さな粒 II ————————————

文豪ゲーテと色彩

　光と色の研究の歴史の中で，『ファウスト』などの作品で知られる文豪ゲーテは，アリストテレスの色彩論の流れをくみ，その著書『色彩論』の中で，直感的体験にもとづいた色彩論を展開しました．この理論を主張するゲーテは，実験的方法にもとづいて現象を捉えるニュートンと対立しましたが，その最大の理由は，ニュートンが光から色を捨て去り，周波数という人間味のない物理量で光の性質を表したことにあります．すなわちゲーテが自然現象を統一的に捉えようとしたのに対し，ニュートンは分析的だったのです．ニュートンの方法はガリレオに始まりデカルトにより大成された合理主義的な考え方を貫くものであり，これが現代に至る科学技術の成功の鍵となりました．この意味でゲーテの主張は，大物理学者ニュートンに対するドン・キホーテ的な挑戦にすぎなかったのかもしれません．しかし現代のように，科学技術の成果が人類の運命まで左右しかねないようになっている時代には，ゲーテのように，自然をひとつの統一体として眺めていくように努力することが大切になるかもしれませんね．

　量子論によって，光の色は周波数で区別されるということがわかりました．しかし日常生活では，そこまで詳しい議論は必要なかったので，昔から用いられている便法，つまり波長を使って光

の色を区別しています．それではなぜ，光の色を区別するのに波長が使われてきたのでしょうか？　それは昔から，波長を測定する方が，周波数を測定するよりもずっと簡単だったからです．光の周波数は，前に述べたように数百 THz という非常に大きな値なので，それを測定する方法がありませんでした（ただし 1980 年代以降は，レーザーの技術を駆使して測れるようになっています）．一方，光の波長は数百 nm で，これは光の干渉という性質を利用して測ることができます．そこで，昔から実際に測定可能な物理量である波長の値を使って，光の色を区別してきたのです．光を扱う様々な装置でも，色の区別には，波長の値の書かれた目盛が使われています．

　さて，以上で述べた光の色についての性質には，注意を払う必要があまりないように感じるかもしれません．しかし，どのような色の光のエネルギーが物質に吸収されたか，物質から出てきたかを議論するには，光の周波数を使う必要が生じます．つまり，物質に吸収されるのは特定のエネルギーをもつ光子，発生するのも特定のエネルギーをもつ光子なのです．従って以後の議論では，光の色を表すには周波数，または光子のエネルギー $h\nu$ を使います．

　現代に至るまで，光についての科学と技術が着実に進歩し，1960 年には"夢の光源"レーザーが発明され，電灯などから出てくる光とは異なった性質をもつ人工の光が誕生しました．レーザーから出てくる光はまっすぐに進み，エネルギーが高く，また単色性に優れているという際だった性質があります．さらに重要なのは，

これらの性質を，人間が他の装置を使って自在に制御できるということです．この制御性のため，レーザーの光は物理学や化学をはじめとする広い科学分野に使われてきました．また，光ファイバと組み合わせて光通信に使われたり，皆さんが音楽や画像を楽しんでいるCD, MD, DVDなどの光メモリなどの情報機器にも使われるようになりました．こうしてレーザーの光は技術分野にも広く使われ，社会の発展に貢献してきました．この貢献度は今後，さらに大きくなると考えられており，21世紀は"光の時代"とも呼ばれるようになってきています．

1・2　光科学技術に限界あり

　過去には"光は波か，粒子か"という論争がありましたが，レーザーから出てくる光をいろいろな応用に使うとき，光は波として振る舞います．なぜならほとんどの応用では，波としての光の性質を利用するからです．しかもレーザーの光の波は，非常に規則正しく振動するきれいな波です．このようなきれいな波であるからこそ，前節の最後に述べたような幅広い応用に使われたのです．しかし実は，光が波であることが将来に向けて，乗り越えることのできない基本的な限界を与えているのです．

　その限界は，光の波が広がろうとする性質に起因します．すなわち**図1・5**に示すように，小さな穴の開いた板に光の波があたって穴を通り抜ける場合，通り抜けた後に広がろうとする性質です．この性質，または広がってしまう現象は回折と呼ばれています．その広がりの具合は，穴が小さいほど顕著です．これは，光の波

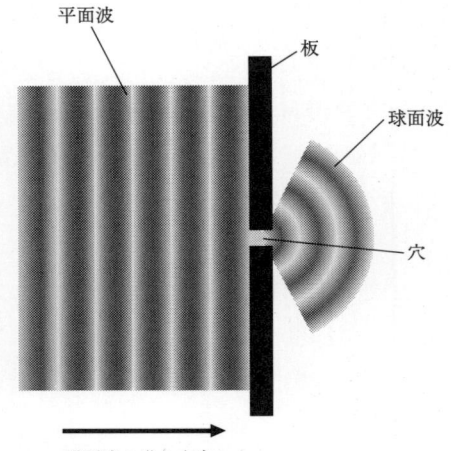

図中ラベル: 平面波、板、球面波、穴、平面波の進む方向

図 1·5 光の波の回折

は光源から出た後は,光源があろうとなかろうと空間(つまり真空や空気,またはガラスや水などの物質中)を進み,できるだけ空間に広がろうとする性質をもつからです.この性質をもつ限り,小さな穴を通り抜ければ,その後はさらに広がってしまうのはやむを得ないことでしょう.これは,学生が一生懸命に勉強して期末試験を受けた後は,思いきり羽根を伸ばしてリラックスするのと少し似ているようにも思えます.

　若葉の季節に林の中を歩くと,木漏れ日を楽しむことができます.木々の葉はいろいろな形をしているのに,地面に映る木漏れ日の形が全て円形なのは,太陽の光が葉と葉の間の小さな隙間を通り抜けて回折し,像を結ぶからです.ですから日食のときに太陽が欠けると,木漏れ日の像も歪んでしまいます.薄田泣菫は「望

郷の歌」(詩集『白羊宮』(明治 39 年)所収)の中で,京都の初夏の木漏れ日を

　　わが故郷は,楠樹の若葉仄かに香ににほひ,

　　葉びろ柏は手だゆげに,風に揺ゆる初夏を,

　　葉洩りの日かげ散斑なる(以下略)

とうたっています.

　なお回折は光の波に限らず,水面上の波,音の波など,全ての波のもつ基本的な性質です."壁に耳あり,障子に目あり"と言われますが,この短文の前半の部分は,音の波のもつ回折のことを言っているのかもしれません.光は電磁波として知られていますが,その兄弟分であるマイクロ波ももちろん回折の性質をもっています.ビルの谷間の民家の屋根にアンテナを立て,テレビのスイッチを入れて画像が見られるのは,放送局から飛んでくるマイクロ波が回折によってビルの後ろにも回り込み,アンテナに届くからです.ただし,ゴーストが現れてしまいますが.

　このような回折の性質があるために,**図 1・6** に示すように,光の波を凸レンズで集め,凸レンズの焦点に紙を置いても,紙の上で光は点にはなりません.すなわちピントのぼけが起こります.これは凸レンズが悪いのではなく,光の波の回折に起因しています.すなわち先に述べたように,光はできるだけ広がろうとしますので,凸レンズで光を集めても点にはならないということです.それでは,どのくらいの大きさのぼけになるかというと,その光の波長程度です.従って青い光,赤い光のピントのぼけの寸法は各々約 480 nm, 680 nm ということになります.より正確には,こ

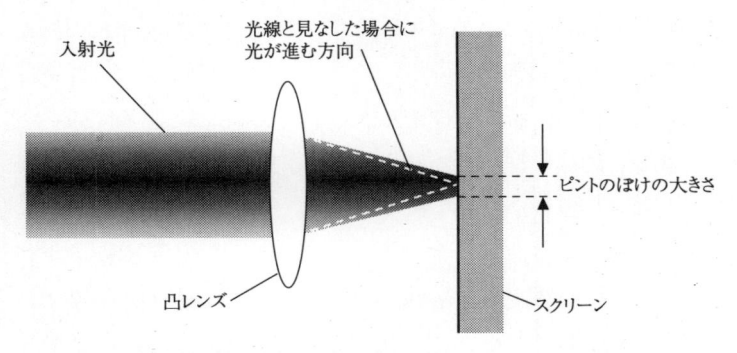

図 1・6 光の波の回折による凸レンズのピントのぼけ

れらの値に凸レンズの性能を表す数値が掛けられますが、この値は1に近いので、ここでは無視できます。このように回折に起因するピントのぼけは、回折限界と呼ばれています。

この回折限界のために、光科学技術には限界があるのです。たとえば凸レンズを組み合わせて作られている顕微鏡では、光の波長程度の寸法より小さな物体の像はピンぼけとなり、見ることができません。また光の波を凸レンズで集め、その光のエネルギーを利用して物質に穴を開けるような加工でも、光の波長以下の小さな寸法の加工はできないことになります。

1・3 21世紀の社会は待ってくれない

社会の進歩に伴い、光の波長よりずっと小さなものを見たり、加工したりする必要性が叫ばれるようになりました。ごく最近、日本の光関連企業の技術者と光の研究者とが協力し、2010年の社会が光科学技術に要求する内容を調べましたが、その結果、たと

1・3 21世紀の社会は待ってくれない

えば次の3つの技術についての要求が明らかになりました*.

① 2010年頃にはパソコンを使った通信,テレビゲーム機を使ったホームエンターテイメント,自分の家に居ながら仕事をすること,高齢者に対する福祉などのために,社会が扱う情報が飛躍的に多くなります.これにあわせて光メモリ(CD, MD, DVDなど)の性能を飛躍的に進歩させる必要があり,たとえば,その記録密度は現在の100倍以上の値,つまり円盤の1平方インチあたり1Tビット[*2]必要だという結論になりました.この記録密度の値は,1平方インチあたりのビット数が1兆個であることを意味します.一方,今までの光メモリは**図1・7**に示すように,レーザー光を凸レンズで集め,その光のエネルギーを使って円盤に穴を開けて情報を書き込

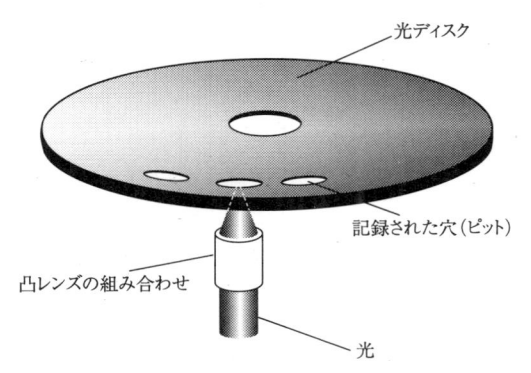

図 1・7 光メモリの記録と再生のようす

---

* (財)光産業技術振興協会編:光テクノロジーロードマップ報告書―情報記録分野―((財)光産業技術振興協会,1998),p.18.
[*2] ビットは,デジタル情報の最小単位を表します.

んだり，読み出したりしていました．しかし，これでは回折限界のためにあまり小さな穴を開けられません．この限界に対応する記録密度の上限は，1平方インチあたり約30Gビット（Gは"ギガ"と読み，10億を表します）と言われています．これでは，上記の要求には到底応えられません

② 光メモリと同様に現代の技術を支えるものに，**図1・8**に示すような半導体材料でできた集積回路があります．これはコンピュータをはじめ，家庭用電気製品の最も重要な電子回路部品で，半導体の基板の上にダイオードやトランジスタなど，多くの部品が作りつけられています．今後は電気製品，特に

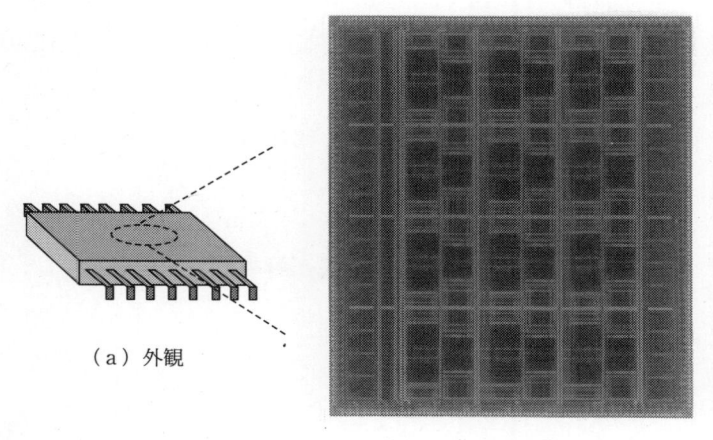

(a) 外観

(b) 内部

図1・8 電子回路部品の1つである集積回路の外観と内部．(b) はATMスイッチ用超高集積度の集積回路で，写真の横と縦の寸法は各々10.5mm，13.5mmに相当．この写真の中に，トランジスタが約100万個含まれています（NTT通信エネルギー研究所のご厚意による）

コンピュータの性能を向上させるために,同じ面積の半導体基板の上に,一層多くの部品を作りつける必要が増大します.これは各部品の寸法を非常に小さくする必要があるということです.従来,これらの部品を作りつけるには光の波を凸レンズで集め,その光エネルギーを利用して半導体材料を加工する方法がとられてきました.このとき,回折限界によって制限される可能な加工寸法の最小値は約 100 nm です.しかし社会が要求する寸法は,これよりもずっと小さな値です

③ 上記②の集積回路とは異なり,図 1・9 に示すように,1枚の結晶基板の上に光源としてのレーザーや光を導く部品などを作りつけたものは光集積回路と呼ばれ,すでに光通信などに使われています.しかし,従来の光集積回路では回折限界のために,これらの部品の寸法を光の波長以下に小さくすることはできませんでした.なぜなら,たとえばレーザーの寸法を光の波長以下にすると,回折のために光をレーザー装置の中に閉じ込めることができなくなり,レーザーとしての働きが失われるからです.従って光集積回路の寸法は,電子回路部品である集積回路の寸法と比べると,とても大きいのです.21 世紀の社会は,このような光集積回路の寸法を,電子回路部品の集積回路なみに小さくすることを要求しています*

以上の 3 つの例からもわかるように,21 世紀の社会は,現在の

---

* (財)光産業技術振興協会編:光テクノロジーロードマップ報告書 — 情報通信分野 — ((財)光産業技術振興協会,1998),p. 34.

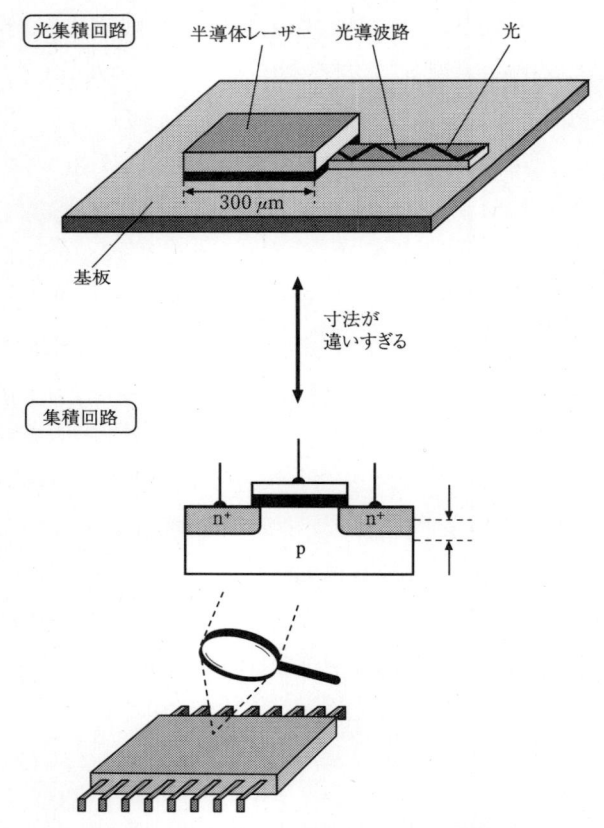

図 1・9 光集積回路と，図 1・8 のような集積回路との寸法の比較

光技術では到底実現することのできない無理な要求をつきつけています．それを**表 1・1**にまとめました．これに少しでも応えるための応急措置として，最近では波長の短い光の波を出すレーザー光源，たとえば紫外光を出す半導体レーザーなどが開発されてい

1・3 21世紀の社会は待ってくれない

表 1・1 技術の現状と 2010 年の社会が要求する性能

	現在		2010 年の社会の要求
光メモリ	記録密度：数 G バイト/平方インチ	→	記録密度：数 T バイト/平方インチ
集積回路用の微細加工	寸法：約 200 nm	→	寸法：約 50 nm
光集積回路	寸法：約 1 μm	→	寸法：約 30 nm

ます．なぜなら回折限界の寸法は光の波長によって決まるので，回折限界を越えることはできないとしても，波長の短い光を使う方が小さい寸法を実現できるからです．しかし，今まで使っていた赤い光を紫外光に変えたとしても，その回折限界の寸法はせいぜい数分の1にしかなりません．

それでは，21世紀の社会がつきつける上記のような要求に応えるためにはどうしたらよいでしょうか？ 回折限界が光の波の示す本質的な制限である以上，基本に立ち返り，光についてよく考えなくてはなりません．1・1節にも述べたように，光は波と粒子の両方の性質を示すので，今までのように光の"波"を使うのでなく，光の"粒子"を使えばよいのではないかと考える人もいるかもしれません．しかし，これは適当ではありません．1・1節で述べた"粒子の性質"とは，光が，空間中の限られた範囲にのみ存在する小さな粒であるということを意味しているのではありません．光のエネルギーが原子，電子のような"本当の粒子"のもつエネルギーとよく似ていると言っているにすぎないのです．すなわち，これまでの光は，あくまでも広い空間を飛び，空間に満ちているのです．それは決して，原子や電子のように小さな粒

ではありません。つまり空間のある位置をさして、"光の粒子がここにある"ということはできないのです。

そうであるならば、"光の小さな粒"を作ることは本当にできないのでしょうか？　まえがきが長くなりましたが、本書の主題はこの疑問に答えることにあります。先に答えを言いますと、それは"できる"ということです。つまり、21世紀の社会の無理な要求にも応える方法があります。それを次章以下に説明しましょう。

参考になる文献

光，色の議論についての詳細は

　　大津元一：光科学への招待（朝倉書店，1999），p.1.
にあります．

第2章 光の小さな粒を作る，使う

2・1 光の小さな粒の作り方

光の小さな粒の作り方の代表例は，**図 2・1** に説明されています．

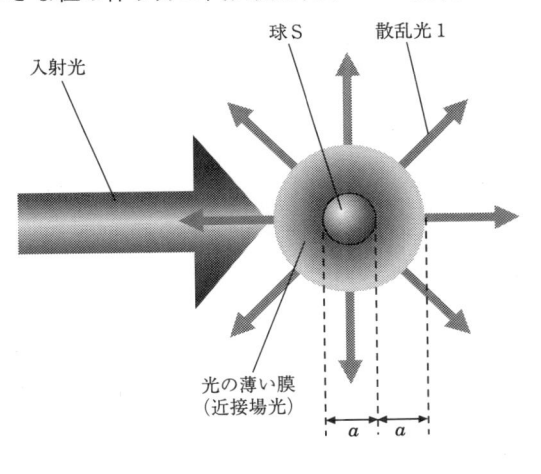

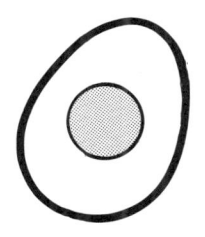

図 2・1 卵の黄身と白身のような光ナノ粒子の作り方

つまり直径 a の小さな球（これを S と呼びましょう）を用意し，これに光をあてます．この光はレーザーなどから出てくるものですが，この直径 a は，この光の波長に比べずっと小さいものとします．球 S に光があたると，その光は球 S から四方八方に散って飛んでいきます．これは光の散乱と呼ばれ，よく知られた現象です．ここで散乱された光を，散乱光1と呼びましょう．しかし，ここで球 S の表面を注意深く観察すると，実は球 S の表面にまとわりついた光の薄い膜が発生しているのです．この光の膜の厚みは，ほぼ球 S の直径 a と同じです．球 S を卵の黄身にたとえるならば，この光の薄い膜は白身のようなもので，専門用語では**"近接場光"**と呼ばれています*．この光の膜を，それを発生させる球と一緒に考えるならば，これこそが待ち望まれた**"光の小さな粒"**と言えます．そこで少し乱暴かもしれませんが，本書ではこれを**"光ナノ粒子"**と呼ぶことにしましょう．たしかに球 S の直径 a は光の波長 λ よりずっと小さいのですから，この光ナノ粒子は第1章で問題となった回折限界の値よりずっと小さく，直径は数 nm 〜 100 nm 程度です．なお，この光の膜は球 S のまわりにあることを忘れないでください．つまり，このままでは光の膜を球 S から切り離すことはできません．

---

* 1・1節で示した公式 $W = nh\nu$ によると，この光の膜の周波数 ν は球 S にあたる光の周波数と同じで，それはレーザーなどの光源の構造によってすでに決められています．従って，この光の膜のエネルギーは光子の数 n に比例し，それは直径 a が小さくなるほど散乱光のエネルギーに比べ大きくなります．逆に直径 a が光の波長より大きくなると，散乱光のエネルギーつまり散乱光の光子の数の方がはるかに大きくなります．

さて球Sの代わりに，**図 2・2**(a) に示すように，板に開けた小さな円形の穴（その寸法は，光の波長よりずっと小さいものです．ただし穴の形は，円でなくても構いません）を使っても，このような光ナノ粒子を作ることができます．つまり，そのような穴の上から光をあてると，穴の後ろにはあたかもストローの先に作りかけの半球形のシャボン玉がぶら下がるように，半球形の光の膜が発生します．この半球の直径は，穴の直径と同じです．この場合，穴の開いた板が先の例の卵の黄身に相当しますので，穴と，そこにできた光の膜とを合わせて光ナノ粒子ということができます．

作りかけのシャボン玉というのは，穴の後ろに作られる光ナノ粒子だけでなく，図2・1のように，球を中心とする光ナノ粒子についても説明できる，よいたとえです．つまり図2・2(b) に示すように，ストローを吹く人をレーザーなどの光源，ストローの中を進む空気をそれから発する光にたとえると，ストローの先の口が板に開けた小さな穴，または図2・1の球にあたります．そのときストローの先の口にできる作りかけのシャボン玉が光ナノ粒子ですが，その大きさはストローの直径によって決まります．つまり細いストローを使うと，その先には小さなシャボン玉がぶら下がるのと同じように，光の膜の直径は，それが発生する球Sや穴の直径に比例します．

ところで図2・2(b)はシャボン玉を作っている，ある瞬間を描いた図です．実際には息を吹き続けると，シャボン玉はストローを離れ，風船のようにふわふわと空に舞い上がっていき，一方ス

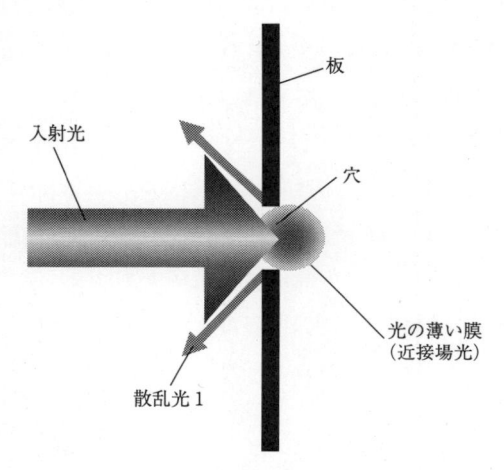

(a) 小さな穴を使って作る

(b) シャボン玉のたとえ

図 2・2 光ナノ粒子の作り方

トローの先には，次の作りかけのシャボン玉が顔を出します．実際に，この図には先に作られたシャボン玉がふわふわ飛んでいる様子が描かれています．空に舞い上がるシャボン玉が，図 2・1 の散乱光 1 に相当します．すなわち球 S や，板に開いた穴によって光ナノ粒子と，散乱光 1 の両方が作られることに注意してください．散乱光 1 は遠くまで飛んでいきますから，第 1 章に説明したような波としての光の性質をもっています．私達はこの光ではなく，光ナノ粒子を利用したいのです．なぜなら，これは球 S や穴の寸法によって決まる，小さな寸法をもっているのですから．

2・2　作り方の少し詳しい説明

さて再び図 2・1 に戻り，なぜ光ナノ粒子の表面の光の膜の厚みが球 S の直径程度なのかを説明しましょう．これには光と物質に関する知識が少しばかり必要ですが，本質的な理解を助けますので少し我慢して読んでください*．たとえば，図 2・1 の球 S がガラスでできている場合を考えてみましょう．金属でもよいのですが，その場合は説明がやや複雑になるので，ここではガラスとします．ガラスは電気を通さない物質，すなわち絶縁体です．なぜ電気を通さないかというと，この中では電子が自由に動き回れないからです．電子はその代わり，ガラスを構成する原子の中心にある原子核のごく近くに留まっています．図 2・1 では，このガラス球 S に光をあてています．ところで光は，電気と磁気からなる電磁場

---

*　ただしこの節を読みとばしても，次節以降の内容の理解にはそれほどさしつかえありません．

ですから、ガラス球S中の原子の中の原子核とそのまわりにある電子とは、光の電気（電場と呼ばれています）によってクーロン力と呼ばれる力を受け、わずかにその位置がずれます。原子核は正の電気を帯び（"正の電荷をもつ"と言われます）、電子は負の電気を帯びています（すなわち"負の電荷をもつ"のです）ので、そのずれの方向は互いに逆です。ただし原子核は電子に比べてずっと重いので、ずれの量は少なく、もっぱら電子の位置がずれます。こうして正と負の電荷をもった原子核と電子の位置がずれた状態で対になりますが、このような対は電気双極子と呼ばれています。

さて、原子核と電子は各々正と負の電荷をもっていますが、一般に互いに異なる符号を持つ電荷の間には引力が働き、同じ符号をもつ電荷の間には反発力が働きます。これらも先に述べたクーロン力です*。ここで図2・3に示すように、この球Sをさらに小さな直径a_1($\ll a$)をもつ微小球の集団（その中の第i番目の微小球をS_iと名付けます）として表すと、この微小球S_iの中では、多数の原子の電気双極子P_{in}（添字nは第n番目の原子の電気双極子であることを表します）がクーロン力、つまり電気的相互作用によって近隣の電気双極子と互いに引き合い、反発し合いながら適当に向きを変え、その向きをそろえています。その結果、P_{in}の総和として微小球S_iの中には大きな電気双極子P_iが形作られます。図2・3には、直径aの球Sの中に直径a_1の微小球S_iがたく

---

* 実は電場とは、ある電荷が他の電荷に及ぼすクーロン力の大きさと向きを表す、別の表現なのです。

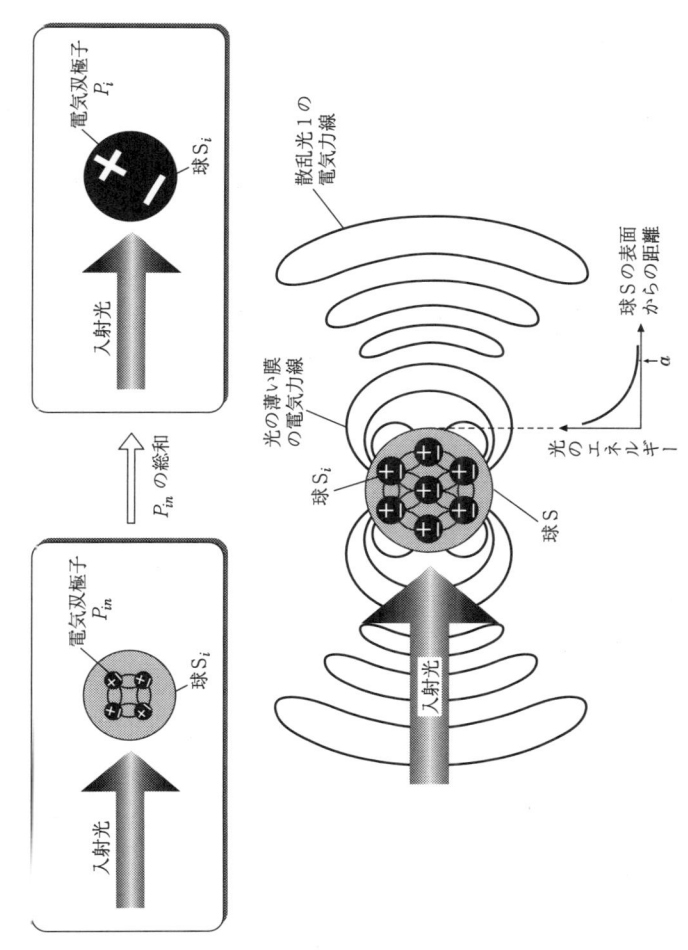

図 2・3 光ナノ粒子の作り方の少し詳しい説明

さんあり，各々の微小球 S_i 中にはこのようにしてできた大きな電気双極子 P_i があるようすが描かれています．ところで，ここで考えている微小球 S_i は1つの電気双極子 P_i をもつと見なせる程度に小さい原子の集団であれば構いません*．

このような微小球 S_i の中にできた電気双極子 P_i は，さらに近隣の微小球 $S_{i'}$ 中の電気双極子 $P_{i'}$ と各々引き合ったり，反発し合ったりしています．なお，球 S にあたる光は時間とともに非常に速く振動していますので(その振動の頻度が周波数 ν です)，原子の電気双極子，従って微小球 S_i 中の電気双極子 P_i の向きも，周波数 ν で非常に速く振動します．図2・3には，ある瞬間での微小球 S_i 中の電気双極子 P_i の向きのようすを描いてあります．ここで特徴的なことは，次の2つの要因によって，電気双極子 P_i の向きの相互関係が決まっているということです．まず第一の要因は，球 S にあたる光の電場の向きです．この球 S の直径 a は，光の波長に比べてとても小さいので，この球 S の中では光の電場の向きはどこでも一定と考えられます．第二の要因は球 S の形，寸法，構造ですが，これについてもう少し詳しく説明しましょう．微小球 S_i の中の電気双極子 P_i は，近隣の微小球 $S_{i'}$ の中の電気双極子 $P_{i'}$ からもクーロン力を受けるので，これら多数の電気双極子 $P_i, P_{i'}, \cdots$ は互いに引き合ったり，反発し合ったりしながら，全体として球 S を形作るという制約を満足するため，図2・3に示すように，球 S の中で窮屈そうに向きを調整しているのです．このと

---

* これについての詳細は，本節末の **話の小さな粒 III** をお読みください．

2・2 作り方の少し詳しい説明

き,第一の要因のところで述べたように,光の電場は球S内でどこでも同じ方向を向いていますから,**多数の電気双極子 $P_i, P_{i'}, \cdots$ の向きの調整の仕方は光の波の空間的な繰り返しの周期である波長とは無関係で,球Sの形,寸法,さらにはそれを構成する物質(ここではガラス)に強く依存します**.従って第二の要因を一言で言うと,球Sの構造と寸法ということになるのです.

図2・3には,このクーロン力の大きさと向きとを表す曲線の概略が描かれています.これは電気力線と呼ばれており,力を及ぼし合っている一方の電気双極子 P_i と,他方の電気双極子 $P_{i'}$ とを結んでいます.24ページの脚注で述べたように,クーロン力の大きさと向きを表すのが電場なので,この電気力線は電気双極子 P_i が源となってできた,新たな電場を表すことに他なりません.つまりこの電気力線は,電気双極子 P_i によって新たに発生した光を表しています.ここで重要なことは,この電気力線は球Sの中にあるのと同時に,球Sの外にもはみ出しているということです.この,はみ出した電気力線が表す光こそが,図2・1に示した光ナノ粒子表面の光の薄い膜なのです.

この電気力線は一方の電気双極子から発し,他方の電気双極子で終わりますが,できるだけ短い距離を進もうとするので,表面にはみ出した電気力線は,表面から遠く離れたところを通って他方の電気双極子にたどり着くような遠回りはしません.従って"はみ出した"とはいっても,電気力線は球Sの表面近くに多くあります.これが薄い膜となっている原因です.それでは,膜の厚みはどの程度でしょうか.これを正確に求めるには,光学や電磁

気学の式を使った計算が必要ですが，その計算の結果，球Sの直径 a 程度であることがわかっています．このことは次のように考えると，計算するまでもなく納得できるでしょう．つまり，先ほど示した多数の電気双極子 P_i の配列の仕方の2つの要因は，球Sにあたる光の波長とは無関係であったことに注意すると，膜の厚みも波長とは無関係であることがすぐにわかります．一方，2つの要因の中で，唯一触れられている寸法は球Sの直径 a です．このことから，膜の厚みを決めるものは球Sの直径 a をおいて他にはないことがわかります．

正確には，球の表面から球の直径 a 程度離れてしまうと，その外側には光の膜がなにもなくなってしまうかというとそうではありません．膜の中の光のエネルギーの分布は図2・3中の小さなグラフにも示されているように，球Sの表面から遠ざかるにつれて次第に減少するようなもので，球Sの直径 a 程度離れると，そのエネルギーがほぼ0になるのです．これは先ほど説明したように，あまり遠回りをする電気力線は多くない，ということに起因しています．さて図2・3は，ある瞬間の大きな電気双極子，電気力線の向きを表したものです．球にあたる光は，時間的に非常に速く振動する波ですから，この振動に合わせて多数の電気双極子 P_i, $P_{i'}$,… も一斉に振動し，時間とともにその向きが逆向きになったり，元に戻ったりを繰り返します．このように振動する電気双極子のまわりの電気力線には，実は一方の電荷から発して他方に終端するものばかりでなく，電荷から離れてループ状となり，外へ飛んでいくものもあります．このループも図2・3に示してありま

すが,これこそが図 2・1 に示した,球 S からの散乱光 1 なのです.シャボン玉の例で言うと,ストローの口から離れ,ふわふわと飛んでいくシャボン玉です.

以上をまとめると,球 S に光があたると,まず,その中に多数の電気双極子 $P_i, P_{i'}, \cdots$ が発生し(その配列の仕方はあたった光の波長にはよらず,球 S の寸法と構造によることを忘れないでください),これらの電気双極子の間にはクーロン力が発生します.そして,これが新たな光を発生します.クーロン力は電気力線という曲線によって表されますが,この電気力線のうち,球の外にはみ出したものが光の膜なのです.さらに,電気力線がループ状になって飛んでいくのが散乱光 1 になります.

──────────────── 話の小さな粒 III ──────

モデルの階層性とアトム

微小球 S_i の直径 a_1 の設定には任意性があります.いま,微小球 S_i が 1 つの電気双極子 P_i を含む程度の小さいものとします.もし,この微小球 S_i にさらに近づいて観測する必要がある場合には,より細かく変化する複雑な電磁場を見ることになり,この微小球 S_i に近づく程度に応じて,さらに小さな多数の微小球 S_{ii}(その直径を a_2 と書きます.ただし $a_2 \ll a_1$)に分けて考える必要があります.その場合には,直径 a_1 の微小球 S_i の表面で観測される近接場光の しみ出し の厚みは a_1 となります.さらに,その中の直径 a_2 の微小球 S_{ii} に近づいて近接場光を観測する必要がある場合,その球をさらに小さな多数の微小球 S_{iii} に分けて考えます.このように必要な観測の寸法に応じて,対象となる球を

順次微小球に分けて考えると，図2・3と同様の議論を行うことができます．すなわち観測する寸法に対応して，使うモデルの"階層性"があるのです．

ところで，ここで注意が必要なのは，このような分割を繰り返して，より小さな，しかし性質がほぼ同様の電気双極子に分けられるという階層性は，無制限に続くわけではないということです．物質がある程度小さくなってくると，その寸法独特の効果が出てくることがあります．たとえばガラスなどの光学的，電気的性質を測定するのであれば，前記のように分割を繰り返し行ったときに，構成要素が元とほぼ同じガラスの性質を保つことができる限界があり，これは原子の寸法よりも大きい数 nm の程度であると考えられます．これよりも小さな物質では，それを構成する多くの原子中の振る舞いが，かなり変わったものになると予想されます．それは個々の原子の性質ともまた異なっており，そのような領域は一般に"メゾスコピック"と呼ばれ，最近の科学技術の重要な一分野として話題になっています．

以上で説明した階層性は現代科学に共通の概念で，"何を観測するか"に応じて"巨視的古典論から素粒子論に至る理論モデルのうち，どれを採用するか"に注意をはらう必要があることを意味しています．このような考え方の大本を，ギリシャ時代の学者デモクリトスに見ることができます．デモクリトスは物質を小さく切り刻んでいったとき，それ以上小さく分割できない最小単位があると考え，これを"アトム"と呼び，この言葉が"原子"の語源になったことはよく知られています．現代の科学の知識からすると，アトムもまた，原子核や電子といった構成要素からできているということですが，原子という性質を適用できる最小限界はやはり原子なのです．それ以上分割すれば，もはや原子核や電子が見えるだけで，原子としての性質は失われてしまいます．ここ

で逆の考え方をすると、また重要なことがわかります。原子という寸法よりも大きいスケールで見て原子の性質を調べようとするならば、それらの構成要素である原子核や電子の個々の振る舞いにまで気を配る必要はないということです。これが、むしろ現代版の"アトム"の意味と言えるでしょう。

──────── 話の小さな粒 IV ────────

魚の見る天空 — 全反射とエバネッセント光 —

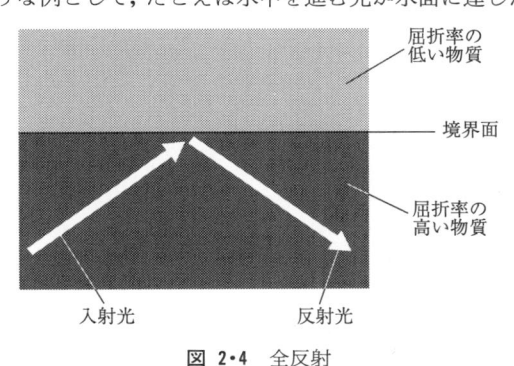

　光学を勉強した人は、その教科書に"全反射"という項目があることを知っているでしょう。全反射とは図 2・4 に示すように、屈折率の高い物質と低い物質とが平面状の境界面の下と上にあるとき、下にある屈折率の高い物質を進む光が斜めに、大きな角度で境界に達すると、ある角度以上（この限界の角度は臨界角と呼ばれ、2つの物質の屈折率の比で決まる値です）では、光は全て反射されるという現象です。このとき、光は平面境界の上にある、屈折率の低い物質中には入っていきません。

　このような例として、たとえば水中を進む光が水面に達したとき、そ

図 2・4　全反射

97.5°

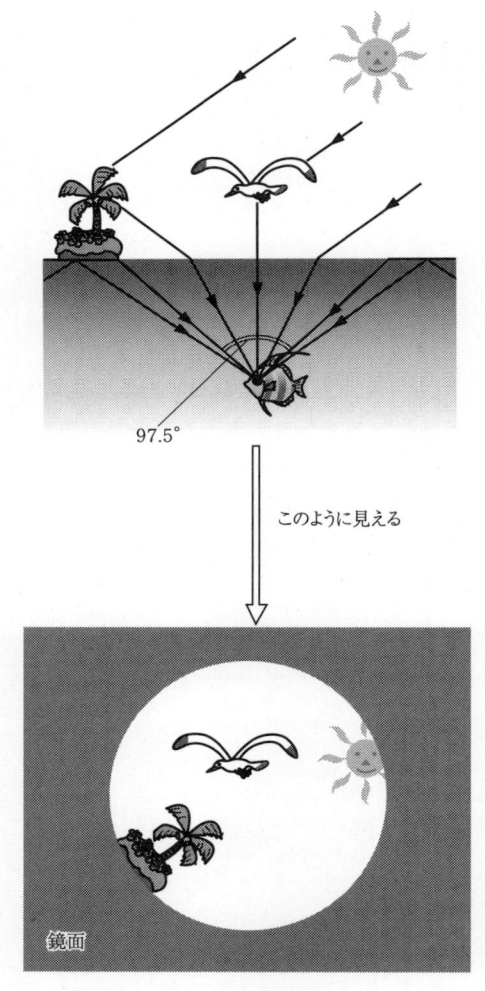

このように見える

鏡面

図 2・5 水中の魚が空を見ると……

2・2 作り方の少し詳しい説明

の入射角度が大きいと，光は水面の上の空気中には達しません．この全反射のため，水中の魚は水面を通して，水面の上の空気中の世界を全て見ることはできません．水の屈折率は約 1.33 なので，計算によると**図 2・5**に示すように，魚は自身の真上を中心に 97.5° の円錐の内部でのみ水面の上の世界が見えることがわかっています．その外側では全反射が起こるので，水面下の景色が水面に反射して見えるにすぎません．従って魚は，わが身の上に円形の天空を見ることになります．

ところで光学の教科書には，この全反射の項目に関連してさらに，"平面境界で光が全反射するときエバネッセント光が発生し，その厚みは波長程度である"ということも記述されています．このエバネッセント光の特徴は図 2・1 の光ナノ粒子の特徴とよく似ています．ただし，光ナノ粒子表面の光の膜の厚みが球の直径程度なのに対し，エバネッセント光の厚みは光の波長程度です．両者の違いは何でしょうか？

この疑問に答えるために，全反射している光，および発生するエバネッセント光のようすを**図 2・6**に示します．これは図 2・3 と同じような描き方をしています．まず，平面境界の下側はガラスのような物質，上側は簡単のために真空としています．さらに，斜めに入射する光と全反射する光，さらには物質中に発生する電気双極子（ただし，そのうちの境界近くのもののみ）と，その電気双極子から発生し，平面状の物質表面にしみ出す電気力線などが描かれています．この電気力線が表す光がエバネッセント光です．境界は完全に平面で，それは無限に広がっていますから，境界近くに発生する電気双極子 P_i の向きは，入射する光と全反射して戻っていく反射光の空間的な繰り返しの周期によって決まり（その周期は，入射光と反射光の波長に他なりません），電気双極子 P_i は規則正しく周期的に，かつ無限に並びます．実はこの規則性のために，光は平面状の境界面の上側に入り込むことができず，従って進

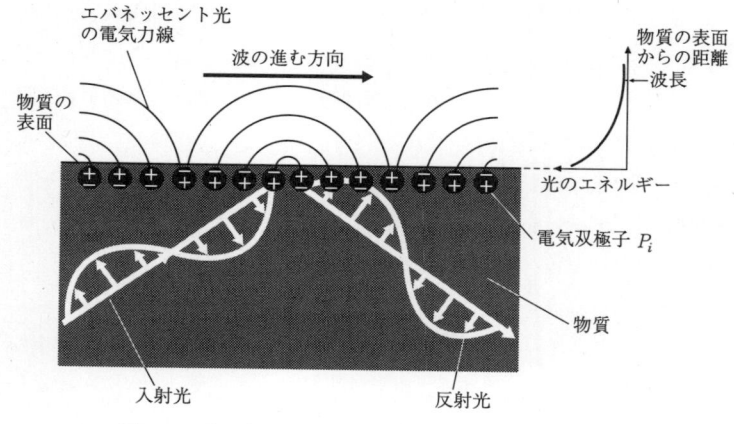

図 2・6 全反射とエバネッセント光の少し詳しい説明

んでいくことができないようになっています。つまり，これらの電気双極子 P_i は時間とともに振動していることには違いないのですが，大きな電気双極子 P_i が規則正しく周期的に，無限に並んでいることにより，図2・3にあったような閉じたループの電気力線が，平面境界の上側に発生しないのです。これが全反射です。しかし同時に，電気双極子 P_i の間をつなぐ物質表面付近の電気力線はもちろん存在し，これが先ほど述べたエバネッセント光を表します．

エバネッセント光は，無限の平面境界上を薄い膜のように覆いますが，その膜の厚みは，これらの電気力線の総和を計算すると求めることができます．その結果は，入射する光の入射角と波長に依存する値になることがわかっており，光の波長程度です．一方，図2・1や図2・2に示した球Sの場合，直径 a が光の波長に比べずっと小さいので，それを構成する直径 a_1 の微小球 S_i 中の電気双極子 P_i の配列は入射光の波長を反映することはできず，発生した光の膜の厚みは球Sの直径 a 程度と

2・2 作り方の少し詳しい説明

なり,同時に散乱光も発生したのでした.図2・4の平面の場合が,むしろ非常に特殊な場合なのです.

　以上のように光ナノ粒子は,物質表面に発生する電気双極子間の電気的な相互作用に起因しますから,その光のエネルギーの空間的な分布は,それらの電気双極子の空間的な分布に依存します.従って,光ナノ粒子表面の光の膜の厚みは物質の寸法に依存し,光の波長には依存しません.これに対し,平面境界上のエバネッセント光はこの特徴を持たず,入射光の電場の向きの空間的な繰り返しの周期である波長の情報を担っているために,その厚みは光の波長程度なのです.従ってエバネッセント光を利用しても,光の波長より小さな寸法の物質を測定したり,加工したりすることはできず,第1章で述べた"21世紀の社会の要求"には応えられません.この点において,エバネッセント光は依然として従来の光学の枠組み内に留まっていると言えましょう.つまり光ナノ粒子は,平面境界上のエバネッセント光とは一線を画されるべきなのです.

　2・1節で述べたように,光ナノ粒子の表面の光の膜を近接場光と呼びますが,その発生の原因はエバネッセント光と同じです.異なるのは,電気双極子の配列のようすが光の波長によるか否かなのです.なお"エバネッセント"(evanescent)とは"次第に消えていく,はかない"などの意味をもつ形容詞です.つまり"エバネッセント光"という名前は,光の膜の特徴を表しているだけです.それに対し"近接場"という言葉は"物質表面のごく近くの電磁場"という意味をもち,発生原因を彷彿とさせる名前ですので,光ナノ粒子については"エバネッセント光"ではなく"近接場光"という名前が用いられています.

2・3 光の小さな粒の使い方

　光ナノ粒子を使うと，現在の光の限界を越える新しい科学技術が可能になり，第1章で説明した"21世紀の社会の要求"に応えられるようになります．しかし，そのためにはまず，この光ナノ粒子を測定しなくてはなりません．シャボン玉の例を思いだした人は，測定するにはストローから離れてふわふわ飛んでいるシャボン玉を観測すればよいと考えるかもしれません．しかし私達が測定したいのは，ストローの口にある作りかけのシャボン玉の方なのです．図2・3に描かれている散乱光1は遠くまで飛んでいくので，遠くに光検出器を置いてもそこにエネルギーがやってきますから測定するのは簡単です．しかし散乱光1は普通の光の波なので，私達はこれには興味がありません．測定したいのは，球表面にはみ出している電気力線で表される光の膜なのです．ただし，これは散乱光1とは違い遠くまで飛んでいかず，球表面にまとわりついているので，遠くに光検出器を置いてもこれにはエネルギーが流れ込まず，従って測定できないことになります．

　それでは，どのように測定したらよいでしょうか？　再びシャボン玉の例に戻って考えましょう．ストローの口にぶら下がっている，作りかけのシャボン玉を測定したいのです．人間が測定するには，それを目で見ればよいのですが，そうすると光ナノ粒子を測定するたとえ話にはなりません．なぜなら目に入るのはシャボン玉を形作る石鹸水の一部ではなく，シャボン玉にあたって反射した照明の光のエネルギーだからです．ここでは目を閉じたまま，作りかけのシャボン玉を測定することを考えます．1つの方法

は手に針をもって,それを作りかけのシャボン玉に突き刺し,パチンと割ることです.このとき,割れたシャボン玉のシャボン液がわずかに飛び散るでしょう.この飛び散ったシャボン液のしずくは,少し遠くに構えた手で受けることができますから,冷たいと感じます.このように感じたことが測定したことになります.つまり,石鹸水が実際に手に触れ,そのエネルギーが手に伝わったのです.

 光ナノ粒子の場合にも,このような針で膜を割ることにより測定します.その様子を図2・7(a)に示してあります.ここでは,光ナノ粒子の中心にある球Sのまわりにできた光の膜の中に,針でになく第二の球(これを球Pと呼ぶことにします)を置くことによって,この膜を壊す様子を示しています.壊された膜の一部は飛び散ったシャボン液と同様の振る舞いをします.つまりそれは,散乱光となって遠くに飛んでいきます.そこで遠くに光検出器を置けば,その散乱光のエネルギーが単位時間あたりに流れ込む量(これはパワーと呼ばれています.言いかえると光子の数nの流れの量です)を測定することができ,たしかに光ナノ粒子が存在することがわかります.

 この測定の原理を,直径a_1の微小球S_i中の電気双極子P_iと,電気力線とを使って説明したのが図2・7(b)です.球Sの表面には,はみ出した電気力線があり,これが光の膜を表しますが,この中に球Pを置くと,光の膜を表す電気力線の一部が球Pの表面に向い,これが球Pの中に新たに電気双極子P_iを発生させます.この電気双極子は,球Pの表面に新たに光の膜を作るのと同時

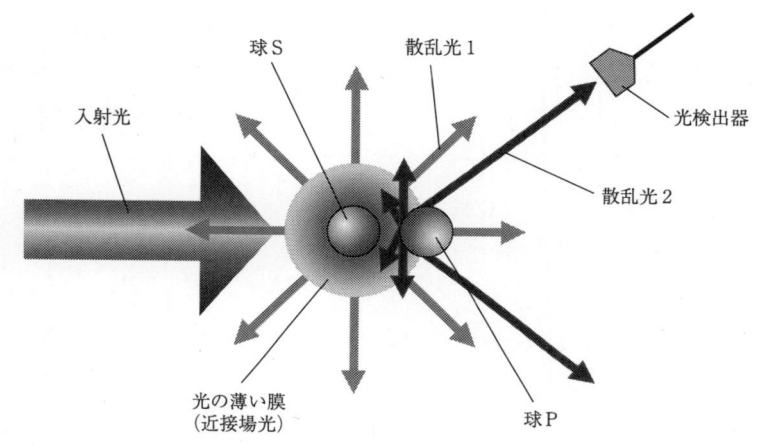

(a) 図 2・1 に対応する説明

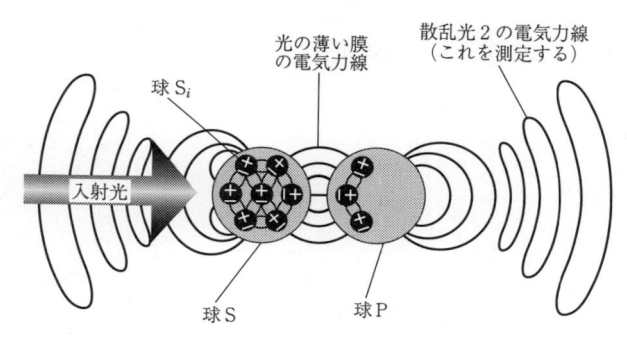

(b) 図 2・3 に対応する説明

図 2・7 光ナノ粒子の測定

に, 散乱光も作ります. これを散乱光 2 と呼ぶことにしましょう. この散乱光 2 は遠くまで飛んでいきますから, そのパワーを測定すればよいのです.

　以上のように光ナノ粒子の測定方法は, 本質的に光の膜を破壊

することを意味しています.つまり球Pが球Sに近づくと,球Sの中の電気双極子 P_i の向き,および球Sからはみ出した電気力線の向きなどは変化してしまいます.球Pからも新たに電気力線がはみ出しますので,互いに近づいた2つの球全体のまわりの電気力線を考えるべきです.言いかえると,2・1節のように卵の白身の中の黄身はもはや1つではなく,**図 2・8** に示したように2つあるのです.つまり,白身に守られて2つの黄身がなかよく生きているように,光の膜の中で2つの球が互いに独立でない状態になっていると言えます.ただし,この蜜月状態は光源からの光が切れ,光の膜がなくなると終わってしまい,2つの球が互いに近くにあったとしても,それらは無関係になってしまいます.このように,光ナノ粒子はこれを測定しようとすると,2つの球の間に独特の結合状態を作るという特徴があります*.

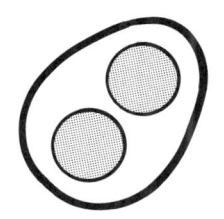

図 2・8 球Sと球Pは,卵の中の双子の黄身

---

* この結合状態とは,球Sと球Pとが近づくと電磁気学的に見て,外場に対し各々が独立である場合と異なる応答をしていることに相当します.すなわち物質としては分かれていても,応答としては一体に見えるのです.つまり光から見れば,**話の小さな粒 III** で述べたメゾスコピックな状態になっているということです.

40　　　　　　　第2章　光の小さな粒を作る，使う

　さて球Pを近づけると，光の膜が破壊され散乱光2が発生しますが，図2・1に示したように，球Sからはすでに散乱光1が発生していますから，光の膜を測定する際に，この散乱光1を同時に測定してしまうことは不都合です．光の膜を破壊して得られる散乱光2だけを測定したいのです．このことは，光ナノ粒子を利用するときに重要な要請で，測定により得られる情報は球Sと球Pとの間の相互作用によるものだけでなければならないということを意味しています．この要請を満たすためには，**図2・9**に示すような衝立が必要です．そこで実際には，球Pとしては単なる球ではなく，**図2・10**に示すようなガラス製のファイバを尖らせた針が使われています．これは**ファイバプローブ**と呼ばれ，先ほど説明したシャボン玉を割る針と同じような形をしています．光ナノ粒子中にこのファイバプローブを差し込むと，その表面の光の膜が

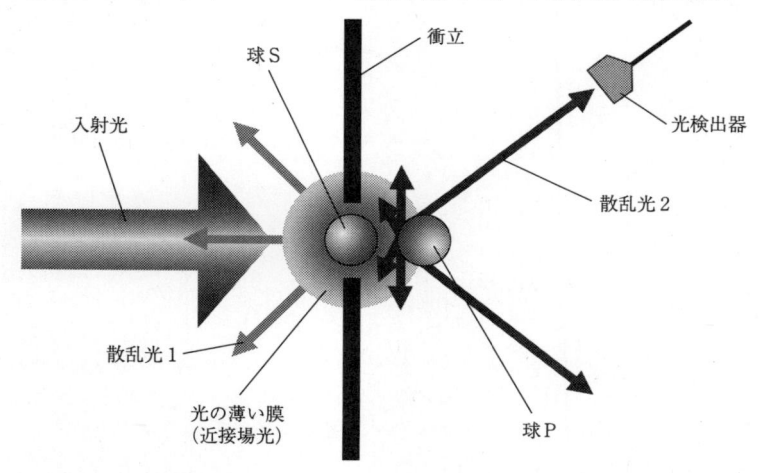

図 2・9　散乱光2だけを測定するための球S，球Pと衝立の役割

2・3 光の小さな粒の使い方

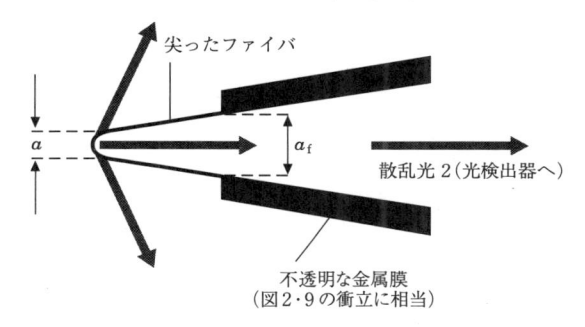

図 2・10 ファイバプローブの構造と役割．a はコア先端の曲率を表す直径，a_f は不透明な金属膜が塗られているコアの根元部分の直径（光の波長より，ずっと小さい）

破壊され散乱光 2 が発生しますが，ファイバプローブは透明ですので，散乱光 2 の一部は先端からファイバプローブの中に入り込み，どんどん進んで出口に達します．そこに光検出器を置けば，そのパワーが測定できます．一方，ファイバプローブの外から散乱光 1 が入り込むのを防ぐための衝立としては，ファイバプローブの根元や周囲に不透明な膜を塗っておきます．これにはアルミニウムや金など，金属製の膜がよく使われています．ここで不透明膜から飛び出している円錐状の透明な針の根元の直径を光の波長以下にしておくと，飛び出している円錐部分は小さすぎ，散乱光 1 はファイバプローブの中に入り込むことができません．こうして散乱光 2 だけを測定することができるのです．

さてこのような測定法を応用すると，物質の形を観察するための顕微鏡が作れることを説明しましょう．これは**近接場光学顕微鏡**と呼ばれている装置です．**図 2・11** に示すように，ファイバプロ

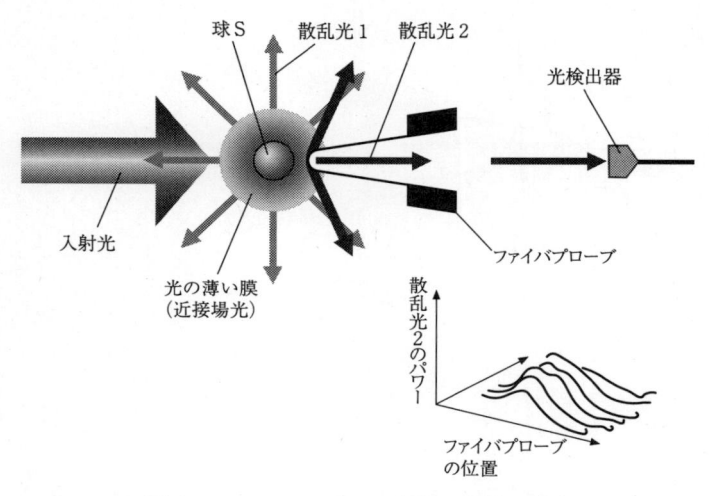

図 2・11 ファイバプローブによる測定の仕方

ーブを光ナノ粒子表面の光の膜に差し込み，散乱光2のパワーを測定します．次にファイバプローブを光の膜の中で少し移動させ，移動後の位置での散乱光2のパワーを再び測定します．これを繰り返し，光の膜の中でのファイバプローブの位置に対して次々に測定した散乱光2のパワーの値をグラフに描くと，これは散乱光2のパワーの分布を表す地図になります．散乱光2は，光ナノ粒子がもとになって発生したので，この地図は光ナノ粒子の形を表しています．さらに光ナノ粒子は，球Sがもとになって発生したので，この地図は球Sの形を表しています．つまり，この地図は球Sの形の測定結果を表す顕微鏡の像と言うことができるでしょう*次ページ．これが顕微鏡としての応用の方法です．ところで，この顕微鏡の倍率はどのくらいでしょうか？　これにはファイバプロ

2・3 光の小さな粒の使い方

ーブの先端の大きさ（または球Pの直径）が影響します．つまり光の膜のうち，いかに小さな部分からの散乱光2を測定するかによって決まります．従ってファイバプローブの先端が小さいほど，顕微鏡としての倍率が高くなると言えます．以上の倍率の議論は，光源から出てきて球Sにあたる光の波長とは無関係ですから，小さなファイバプローブを作ることができれば，第1章で説明した回折限界よりもずっと高い倍率の顕微鏡ができるということです．なお倍率という言葉の代わりに，分解能という言葉もよく使われます．これは顕微鏡がどれくらい小さなものの構造を分離分解して見ることができるかという能力を表すものです．

さて今後の説明の都合上，この章の最後に図 **2・12**(a)(b)を掲げます．注目してください．まず(a)を図2・7(a)と比べると，光源と光検出器の位置が逆転していることがわかるでしょう．いや，むしろ球Sと球Pの役割が逆転したと言う方が適切です．つまり光源から出た光を球Pにあて，そこに光ナノ粒子を作り，これで測定したい球Sを照明します．すると球Sにより，光ナノ粒子表面の光の膜が散乱され，散乱光2が発生して，光検出器に達します．この図中の球Pを，ファイバプローブで置き換えたものが(b)です．つまり図2・10と同じファイバプローブを用い，光源からの光をファイバの後端から入れて，先端に光ナノ粒子を発生させ，これで球Sを照明するのです．そしてファイバプローブを少しず

---

* （前ページの注）球Sは顕微鏡の測定対象の試料（"サンプル"）ですので，実はその英語 Sample の頭文字を使って命名したものでした．一方，球Pには探針（"プローブ"）の英語 Probe の頭文字を使ったのです．

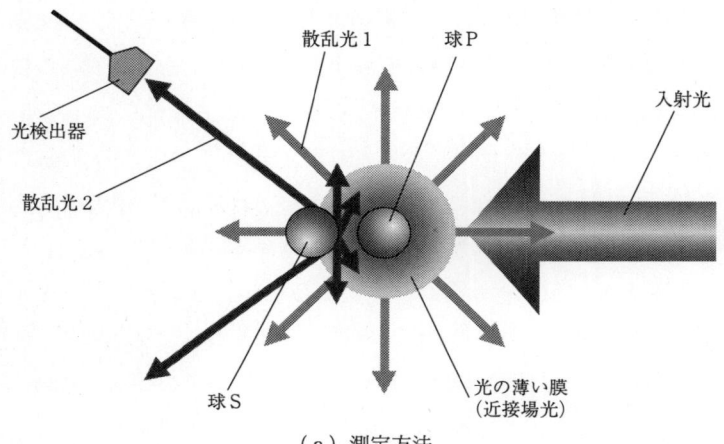

散乱光1
球P
入射光
光検出器
散乱光2
球S
光の薄い膜
（近接場光）

（a）測定方法

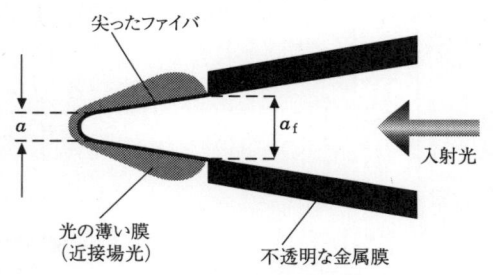

尖ったファイバ
a
a_f
入射光
光の薄い膜
（近接場光）
不透明な金属膜

（b）ファイバプローブの使い方

図 2・12 照明モードの説明

つ動かしながら，球Sからの散乱光2のパワーの測定値を先ほどと同様にグラフに記せば，やはり球Sの形を表す地図が描け，顕微鏡として働きます．このようにして，ファイバプローブを小さな懐中電燈として使うこともできるのです．この場合，まさにファイバプローブ先端に"光の小さな粒"がついているように思えませんか？　以上のようにファイバプローブを懐中電燈のように

使い,球Sを照明する方法は**"照明モード"**と呼ばれています.これに対し図2・11のように,ファイバプローブで光を散乱させ,光を集める方法は**"集光モード"**と呼ばれています.

参考になる文献

全反射とエバネッセント光についての詳細は
 大津元一:現代光科学Ⅰ ― 光の物理的基礎 ― (朝倉書店,1994),
  p.52.
にあります.

第3章　ファイバプローブを作る

3・1　どんなファイバプローブが必要か？

　光ナノ粒子を使いこなすには小さなファイバプローブを作り，それを上手に使わなければなりません．どのようなものを作り，どのように使うかということを考えるのに，光ナノ粒子についての次の3つの性質に注意することが必要です．

① 　集光モードを例にとり説明しますと，光ナノ粒子表面の光の膜を球Pで散乱させるとき，2つの球の直径が等しい場合が最も効率がよいということです．なぜなら球Pが小さいと，光の膜のうちの非常に小さな部分だけを散乱するので高い分解能の顕微鏡ができるのですが，そのとき散乱され，光検出器に到達する光のパワーは小さいので，それを測定するのが難しくなります．逆に球Pが大きすぎると，光の膜のうちの大きな部分を散乱してしまうので，小さな形を見る顕微鏡にはならないのです．以上の性質は理論的にも確かめられており，またこの性質は照明モードの場合にもあてはまることがわかっています．このことから，観測しようとする対象と同程度の先端寸法をもつファイバプローブを作らなければならないということがわかります．たとえば直径 1 nm の球を観測するには，ファイバプローブの先端の寸法（言いかえ

3・1 どんなファイバプローブが必要か？

ると，先端の曲率の直径）も1nm程度でなければならないということです．つまり小さなものを観測するには，先端が非常に小さなファイバプローブを作る必要があるということです

② さらに重要で，かつあまり気がつかれていない事柄があります．それは集光モードの場合には，ファイバプローブは2・3節で述べた散乱光1をさけ，散乱光2だけを，その中に入れて効率よく出口まで通す必要があるということです．また照明モードの場合では，ファイバ中を進んできた光がファイバプローブ先端に効率よく達し，光ナノ粒子が発生しなくてはならないということです．つまり，どちらのモードの場合も，小さな（すなわち，ミクロな）ファイバプローブの先端と，大きな（マクロな）ファイバ本体との間の光のやりとりを効率よく行う必要があります．このような，ミクロとマクロを効率よく結ぶインターフェース部分をもつファイバプローブを作ることが重要なのです

③ 上に述べた①，②を満足するような小さなファイバプローブを作ることができた場合，それを使うときには，その先端を球Sのごく近くまで近付けて，かつ球Sに触れないように注意して動かす必要があります．その距離は，球Sの直径程度以内でなければなりません．なぜなら2・1節で述べたように，光の膜の厚さは球Sの直径程度だからです．たとえば直径1nmの球を観測するには，ファイバプローブをそれに1nm程度まで近付けなくてはならないということです．この

ように考えると，ファイバプローブを使うのも決して容易ではありません

　以上の3点に注意してファイバプローブを作ったり，使ったりするためには，小さな物質をナノメートル (nm) 寸法精度で加工したり，動かしたりといった精密技術が必要です．このような技術は"ナノテクノロジー"と呼ばれています．実は，このように高い分解能の顕微鏡を作ることは1928年に，イギリスのシンゲという人によって提案されていました．しかし提案しても，ナノテクノロジーはその当時は夢物語でしたから，シンゲは"提案はするが，このような技術が実現するとは思えない"という意味の悲観的な意見も述べています．シンゲが提案したのはファイバプローブではなく，図 2・2(a) に示したように，板に開けた小さな穴を使うという素朴な方法でしたが，それでもそのようなものを作って使うのは難しく，それ以降半世紀以上も，この提案は実現しませんでした．しかし1980年代に入り，新しい光の科学技術を模索する動きが活発になりました．そのような中で，ファイバプローブを作って使おうと考えた人間の一人が，本書の著者である私です．ただし"考えるは易く，行うのは難し"を地でいくような苦労が長い間続きました．読者の皆さんに，このような苦労話を御披露するのは少し気がひけますが，科学技術の発達の過程の一例と思って，次の 話の小さな粒 V を読んでくだされば幸いです．

3・1 どんなファイバプローブが必要か? 49

•••••••••••••••••••••••••••••••••• 話の小さな粒 Ⅴ ••••••••

ファイバプローブを作り始めた頃の苦労

その当時私は,シンゲが半世紀以上も前に提案していたことは知りませんでした.私はとにかく,先の鋭い針で光を散乱させれば,小さな物質を加工する機械が作れるかもしれないということ,そして針としてはガラス製のファイバで作ったものがよいだろうということを考えていました.一方,顕微鏡への応用はどちらかというと研究の副産物と見なしていました.

加工機や顕微鏡などは多くの人が使えないと意味がありませんから,ファイバプローブを作る方法としては,同じものが繰り返し何本も,かつ短時間にできあがる能率のよいものでなくてはなりません.そのためにはファイバを酸性の溶液(フッ酸とフッ化アンモニウム,水の混合液です)に浸して溶かし,針のような形にするのがよさそうだということがわかってきました.その後,すぐに作るための実験を始めまし

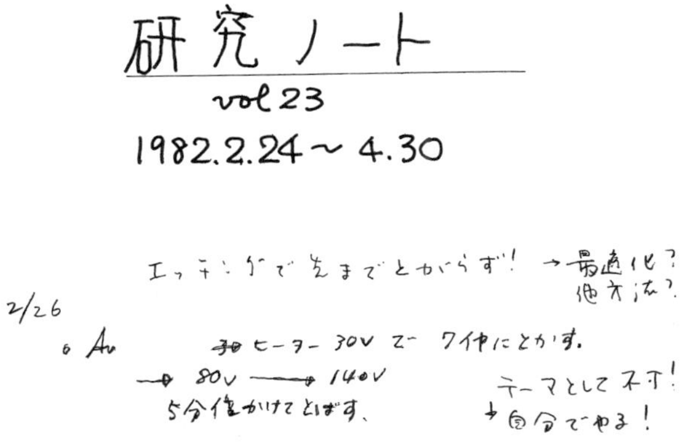

図 3・1 著者の研究ノート.1982年2月26日のページの一部

た.初期の頃の試行錯誤のようすが**図 3・1** に示す,私の研究ノートの走り書きに見られます.日付けは 1982 年 2 月 26 日です.走り書きの中に"なかなか思うように尖らない"とあります.その理由としてファイバの性能があまりよくなかったこと,また尖ったことを確認するための電子顕微鏡の倍率が低かったことなどが考えられますが,いずれにせよ,その当時は満足できなかったことは確かです.それで,このノートにはさらに"ファイバプローブを作るのは難しいので,学生に与える研究テーマとしては不適当.自分一人でしばらくやっていこう"という意味のことも書いてあります.そのとおり,その後は私一人でファイバプローブの作り方を引き続き試みていくことにしました.一方 1983 ～ 84 年頃になりますとヨーロッパやアメリカでも,板に小さな穴を開けたものやファイバプローブを作り,それを使って顕微鏡を作る研究が始まりました.その研究の論文を読んでみますと,ファイバプローブを作る方法として,ファイバの一部を熱して柔らかくし,引きちぎるという乱暴な方法がとられていました.あたかも七五三のときに子供達がもらう千歳飴を,あたためて引きちぎるようなものです.この方法は簡単ですが,引きちぎった先がきれいに尖るとはかぎりません.また,それが毎回同じような形にはなりません.私はこれを読んだとき,これでは多くの人が使えるファイバプローブは作れないと実感し,酸性の溶液で溶かす方法の有用性を確信しました.

　その後,私は 1986 ～ 87 年,アメリカの AT&T ベル研究所で研究員として研究する機会を得,渡米しました.ベル研究所は,ファイバを用いた光通信に関して世界の中心的存在でしたので,ファイバの専門家が非常に多数いました.そこで私は,彼らに私の方法でファイバプローブを作ることを提案し,協力を求めてみましたところ,答えは"ノー"でした.なぜかというと,彼らは酸性の溶液で溶かしても鋭く尖らない

3・1 どんなファイバプローブが必要か？

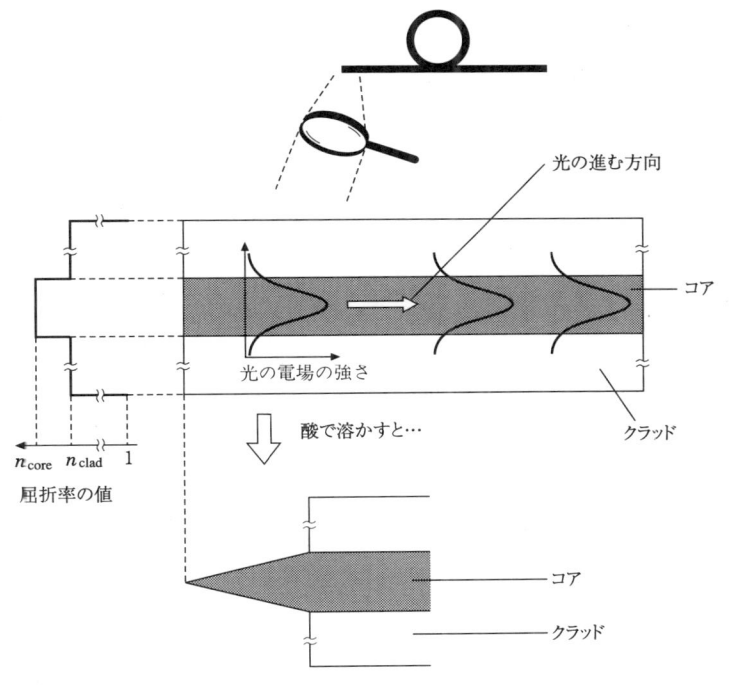

図 3・2 ガラス製のファイバの構造と，そのコアの先端を尖らせたようす．n_{core}, n_{clad} は各々コア，クラッドの屈折率

だろうと考えていたからです．実際，私が試みてもたしかに尖らず，かえって窪んでしまうようなことが起こりました．しかし帰国後さらに実験すると，日本製のファイバを使うと尖りそうな結果が得られ始めました．アメリカ製では不可能なのに，なぜ日本製では尖るのだろうと思って調べてみると，ファイバの作り方の差によることがわかりました．特に日本ではその当時，性能の極めて高いファイバを製造するVAD法と呼ばれる方法が完成し，それによって作られたファイバを私

達も使うことができるようになってきていたからでした．普通のファイバは，**図3・2**の上部に示すように二重構造をしています．その中心部はコア（直径は数 μm）と呼ばれ，光を通す部分です．外周部はクラッド（直径は約 100 μm で，毛髪と同じ程度の太さ）と呼ばれ，刀のさやのようなものです．コアに光を通すためには，その屈折率をクラッドに比べ高くする必要があります．そのためにコアには，ゲルマニウムの酸化物 GeO_2 を混入させるのですが，VAD 法では，これをコアの中心から外に向って非常に均一に混入させることができます．このようにしてできたファイバを酸性の溶液に浸けると，図3・2の下部のようにコアの先端が尖るのです．後になってわかったのですが，アメリカ製のものは GeO_2 の混入の均一性に欠けていたので尖らなかったのです．このように考えると，私の方法は，その当時開発されたファイバ製造法が優秀であったためにうまくいったということになります．本当に日本のファイバ製造技術は優れており，現在の世界中の光通信用のファイバのほとんどは日本製です．私は，日本のファイバは現代技術が実現した宝石だと思っています．

3・2 ファイバプローブができた！

話の小さな粒 V に述べたように，ファイバプローブができそうな段階に達したので 1990 年頃には，いよいよ学生に研究テーマとして与えることを決意しました．学生諸君は若く，素直で意欲的ですから，私が一人でのろのろと実験するよりも要領よく結果を出す場合があります．ファイバプローブ作製についてはまさにそ

3・2 ファイバプローブができた！

(a) 全体像．写真の横幅は 123 μm

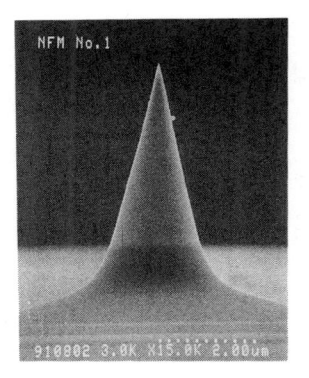

(b) 尖ったコア部分の拡大像．写真の横幅は 5.6 μm に相当

図 3・3　鋭く尖ったファイバの外形の電子顕微鏡写真（東京工業大学大学院博士課程　Togar Pangaribuan 氏による）

のとおりで，しばらくすると図 3・3 に示すような，非常に鋭く尖ったファイバプローブができあがりました．尖り角は 15°程度ですので，いかに鋭いかがわかるでしょう．また先端の曲率半径は 1 nm 程度ですが，電子顕微鏡の分解能の限界ギリギリのところで測っていますので，本当の値はもっと小さいかもしれません．一方，この時期になっても（また，今日に至るまで）欧米では話の小さな粒 V に述べた"飴細工"でファイバプローブを作っていましたので，たとえば先端の曲率半径は 10 nm 以下になることはなく，従って図 3・3 のように尖ったファイバを得ることはできませんでした．もちろん，このように非常に鋭く尖ったファイバプローブの性能は天下一品でした．

では，なぜ酸性の溶液に浸けるだけでこのように尖るのか，ま

た繰り返し行ってもなぜ毎回同じように尖るのか．これについては未だに完全にはわかっておりません．そのような例として，次のような経験をしたことがあります．ファイバはガラス製ですが，ガラスを構成する二酸化シリコン分子は不規則に並んでいることがよく知られています．つまり，結晶中の原子の並び方のように規則的ではありません．このような物質構造はアモルファスと呼ばれています．ところでファイバに比べると，ずっと大きな寸法をもつ普通のガラス板を，同じ酸性の溶液に浸して溶かしたときと，ファイバの先端を溶かしたときとでは溶け方に大きな差がありました．つまりファイバの先端は，ある条件では時間とともに"平ら"→"円形"→"針状"，そして再び"平ら"というように，その形を繰り返し変化させながら尖っていくのです．このような繰り返しは，普通のガラス板では起こらないことです．この理由としては，ファイバ先端には二酸化シリコン分子がせいぜい100〜1000個ぐらいしかついていないので，そこではガラスの性質が著しく変化しており，もはやアモルファスと呼べないような状態になっているからではないかと考えられています．しかしいずれにしろ，ファイバプローブ先端のような小さな物質については，その性質を説明する理論がまだできていません．今後は，このようなナノ寸法物質の性質を説明する理論の開拓が望まれます．

　しかし，理論ができるまで待っているわけにもいきません．とにかく，優れたファイバプローブを作る必要があります．納得できる理論は後年，頭のよい人が作ってくれるでしょう．それよりも先に実験をしましょう！　……ということでさらに試みると，

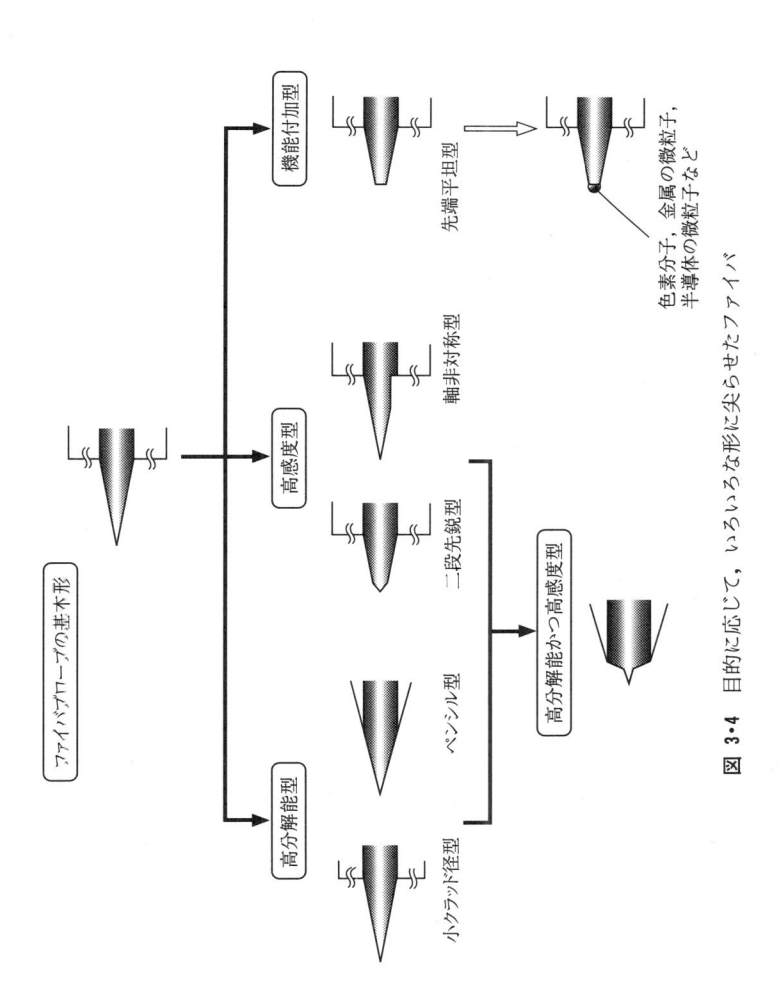

3・2 ファイバプローブができた！　　　55

ファイバプローブの基本形

高分解能型
- 小クラッド径型
- ペンシル型

高感度型
- 二段先鋭型
- 軸非対称型

機能付加型
- 先端平坦型 ⇒ 色素分子, 金属の微粒子, 半導体の微粒子など

高分解能かつ高感度型

図3・4　目的に応じて, いろいろな形に尖らせたファイバ

図 3·3 のファイバプローブだけでなく**図 3·4** に示すような, いろいろなファイバプローブが作れるようになりました. たとえば高感度型のものは, ファイバプローブの後端から入れた光のエネルギーのうち, 10 % が光ナノ粒子として発生します. これは他のファイバプローブより 1000 倍程度大きな値です. このような大きな値が得られるようになった現在, "ファイバプローブは効率が低い"という指摘は, もはや遠い昔の話となりました. この他にも, 先端に色素の分子がついたファイバプローブ, 金属や半導体の小さな粒子がついたファイバプローブなど, いろいろな変わり種が高い精度でできるようになりました. これらをうまく使い分けることにより, 顕微鏡だけでなく加工など, いろいろな応用が実現しました. 次の章からは, これらについて紹介していきましょう.

第4章　測る

4・1　形を見る

　測ることの第一の例は試料の形を見ること，つまり近接場光学顕微鏡としての応用です．その原理は，すでに2・3節で説明しました．集光モードと照明モードの両方が使えますが，どちらを使うかは測定する試料の性質によって決まります．たとえば不透明な試料の場合は，照明モードを使うのが有利です．

　まず，この近接場光学顕微鏡を他の顕微鏡と比べてみましょう．すでに広く使われている高い分解能の顕微鏡の代表例は電子顕微鏡です．ただし，これは金属のように電流を流すことのできる試料しか観測できません．これ以外の試料の場合，まずその表面に金属の薄い膜を塗って電流が流れるようにする必要があります．さらにこれを真空装置の中に入れて観測します．顕微鏡で観測したいものの代表例は生物試料ですが，このようにしてしまうと，あたかも古代エジプトの王，ツタンカーメンの金のマスクを通してミイラの顔を観測するようになってしまいますね．できれば生きたままの生物試料を観測したいものです．レンズを組み合わせて作った普通の光学顕微鏡ならばそのようなことが可能ですが，分解能が低いので小さな生物試料は見えません．これらに対し，近接場光学顕微鏡は電子顕微鏡のもっている高い分解能と，光学

顕微鏡のもっている"生きたまま観測"の両方の利点を兼ね備えています。今までに得られた実験データをもとに分解能の値を調べると 0.8 nm が得られています。これは普通の光学顕微鏡の約 1/1000 の値，つまり約 1000 倍の倍率にあたります。

電子顕微鏡なみの高い分解能を示す像として，照明モードを使って DNA の紐状の分子 1 本を観測した結果を**図 4・1**(a) に示します。DNA は図 4・1(b) のような構造をしており，それを電子顕微鏡で観測すると直径が 2 nm 程度であることがわかっています

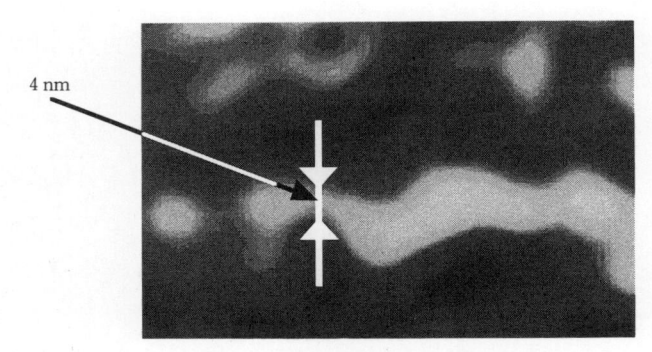

(a) DNA の像（口絵カラー参照）

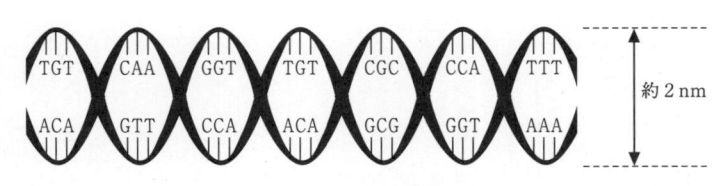

(b) DNA の構造

図 4・1 紐状の DNA の分子 1 本の観察結果（(財)神奈川科学技術アカデミー　R. Uma Maheswari 博士による）

4・1 形を見る

が，(a) では 4 nm になっています．この値は電子顕微鏡の 2 倍程度大きな値なので，少しピントがぼけていることを意味していますが，今までは光学顕微鏡では決して観測されなかった小さな像なので，これは多くの人が感銘を受けた図です．なぜなら今までの光学顕微鏡では回折のために，光の波長に相当する寸法以下のものが見えなかったからです．ちなみにこの図全体の縦横の寸法は，光ナノ粒子を発生させるのに使った光源からの光の波長以下ですので，普通の光学顕微鏡を使ったのでは回折のためにこの図全体がぼやけてしまい，この図の中にあるような模様は決して現れません．

ところで，なぜ電子顕微鏡の像よりまだ 2 倍程度大きいのでしょうか．その原因はファイバプローブ自体にあるのではないことがわかっています．なぜなら，ファイバプローブの先端の曲率半径は 4 nm よりもずっと小さいからです．ファイバプローブの性能そのものではなく，使用するときのファイバプローブの揺れ，測定中の試料台の振動，試料台の熱膨張などが原因です．たとえば普通の実験台のまわりを人が歩き回ると，台の面は左右上下に 1 μm 程度振動してしまいます．熱膨張とは，まわりの温度が変わることによって試料台が伸び縮みすることですが，たとえば長さ 1 cm のアルミの板は，温度が 1℃ 変化すると 200 nm も伸び縮みするのです．このように考えると，近接場光学顕微鏡を静かで安定な環境の中で使うことが重要だということがわかるでしょう．実際に，この観測実験は 1998 年のお正月の夜，つまり他の人達が自宅でお正月を祝っており，実験室が一年中で一番静かなときに

行われました。たしかにこのような像は、ファイバプローブを試料表面の1～2nmまで近付け、注意深く安定に動かさないと見ることができません。なぜならば、このように小さな寸法のDNA表面が発生した光ナノ粒子表面の光の膜の厚みが、その程度だからです。ファイバプローブが5nm程度離れてしまうと、もはや像は得られません。

なお、このような小さな像を得るためには、試料としてのDNAを試料台にまばらに置く必要があります。多数のDNAをまとめて置いてしまうと、互いに重なり合ってしまい1本ずつが分かれて見えないからです。そこで、この顕微鏡観察の実験に必要な時間のうちの9割以上は、試料台にDNAをうまくのせることに使われました。実際にはDNAを、ゴミの含まれないきれいな溶液に入れておき、この溶液の1滴を、特別に表面処理した非常に平らなサファイア結晶板にそっとたらします。これは熟練を要する作業です。つまり、ファイバプローブを作るだけでなく、これを使う静かな環境を用意すること、よい試料を用意することなどがすべてうまくいったとき、このような小さな像が見えるのです。将来は、このようなわずらわしい前作業は自動化されるようになるでしょう。

この他、生きたまま測定する可能性を示す例として、**図4・2**(a)に示すようなサルモネラ菌の鞭毛を水中に入れ、その像を観測した結果を図4・2(b)に示します。この観測のためには、ファイバプローブの先端を水の中に入れます。実際には水面の表面張力のため、ファイバプローブを水の中に差し込むのは難しいのですが、

4・1 形を見る

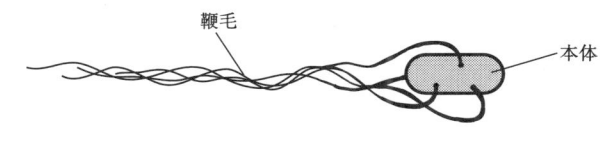

(a) サルモネラ菌の形

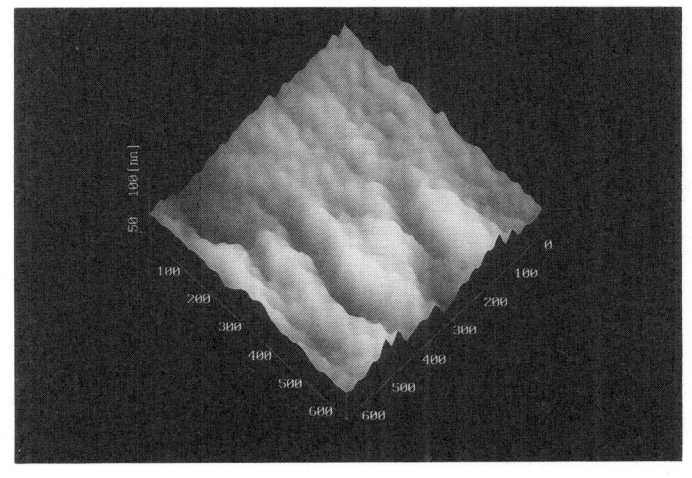

(b) 水中のサルモネラ菌の鞭毛の像．絡み合った5本の鞭毛が見えています．その幅は約30 nm（口絵カラー参照）

図 4・2 水中でのサルモネラ菌の鞭毛の観察結果（(財)神奈川科学技術アカデミー 納谷昌之氏による）

工夫をするとそれが可能となり，像が得られます．このような水中測定は，電子顕微鏡では不可能です．

さらに光による測定の利点として，中身が見えるということがあります．たとえば，半透明プラスチックの円筒が軸になっているボールペンを思い出してください．その中にある，インクの入った細い芯が外から見えるでしょう．ボールペンの半透明プラス

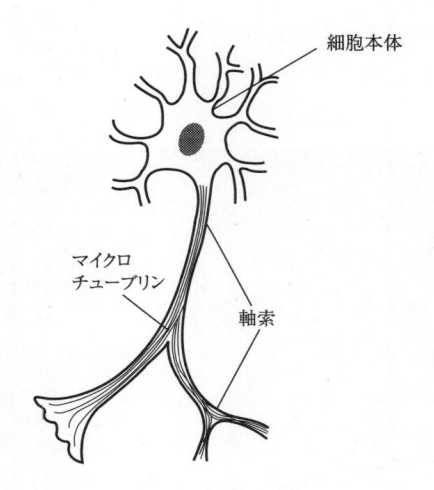

(a) 構造の説明

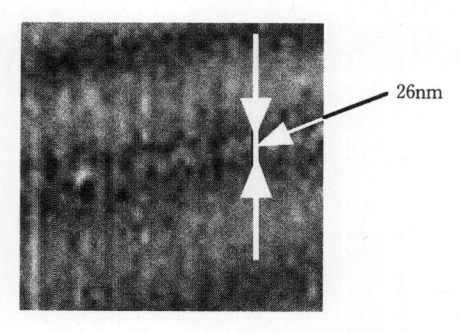

(b) マイクロチューブリンの観察結果

図 4・3 豚の脳神経の端にある軸索の構造と，その中のマイクロチューブリン（(財)神奈川科学技術アカデミー　R. Uma Maheswari 博士による）

チックの円筒に対応する生体試料の例としては,**図 4・3**(a) に示したような,豚の脳神経の端にある軸索と呼ばれるものがあります.その直径は 2 μm 程度です.その中の,インクの入った細い芯に相当するのはマイクロチューブリンと呼ばれる細い糸の束です.マイクロチューブリンは軸索の中にぎっしりつまっており,その束の一番外側にあるマイクロチューブリンは軸索の内壁と非常に近く,ほぼ接するほどですので,近接場光学顕微鏡を使って軸索の外から観測することができます.その結果が図 4・3(b) に示されています.観測されたマイクロチューブリンの直径は 26 nm であり,これは電子顕微鏡による観測結果とほぼ同じ値です.このことから,近接場光学顕微鏡の分解能の高さが実感して頂けると思います.ここで電子顕微鏡による観測の作業と比較すると,近接場光学顕微鏡の一層の優越性がわかります.なぜなら電子顕微鏡で観測するためには,まず軸索を切り開いてマイクロチューブリンを取り出し,それを試料台に置いた後に金属膜を塗らなければなりません.その後,これを真空装置の中に入れてようやく観測が始まるのです.それに対して近接場光学顕微鏡では,軸索そのものを試料台に置くだけでいいのです.つまり,より生きた状態に近い観測が可能だということです.この性質は,生物試料を観測するときには非常に重要です.

　近接場光学顕微鏡はこれ以外の生物試料,さらには生物以外の試料の観測にも使われています.今後は,さらに性能が向上するでしょう.特に生物試料を観測するためにはファイバプローブをさらに速く動かして,図 4・1 〜 4・3 の例のような静止画だけでは

なく動画,つまり生物試料が動いているようすが得られると素晴らしいと思います.そのためには,集光モードではファイバプローブによる光ナノ粒子の測定効率の向上,照明モードではファイバプローブによる光ナノ粒子の発生効率の向上が望まれます.これは性能のよいファイバプローブの開発が必要であること,つまりナノメートル寸法の加工技術の進歩が必要であることを意味しています.

　さて,以上で示したように近接場光学顕微鏡の性能向上の努力が続いていますが,"近接場光学顕微鏡で形を見るとき,それほど分解能は高い必要はない.なぜなら,他にも電子顕微鏡のように高い分解能の装置があるからだ"という,奇妙な主張をときどき聞きますが,これは間違っています.たぶん優れたファイバプローブを作ることができないので,苦しまぎれに言っているのでしょう.光ナノ粒子の発生と利用の基本は,全てファイバプローブの性能にかかっています.分解能の高い形状測定ができないと,この後の節で述べるような構造を調べることや,さらに次の章で述べるような加工をすることなどが不可能です.このような光ナノ粒子本来の応用に進むには,第一に顕微鏡としての分解能が高くなければならないのです.そのためには優れたファイバプローブを作ることが必須で,これができれば図4・1のようなDNA像さえ見えてしまうのです.

4・1 形を見る

話の小さな粒 VI

近接場光学顕微鏡の名前

　光ナノ粒子を扱う光学は"近接場光学"と呼ばれています．英語では near field optics です．1992 年にフランスのブザンソン市で，この分野の第 1 回目の国際会議が開催されました．参加者はわずか 40 名，その全てが主催団体からの招待者でした．日本からは私と，共同研究者の堀裕和博士（山梨大学助教授）の 2 人だけが招待されました．帰国後，出席報告記事を『応用物理学会誌』（1993 年 3 月号）に寄稿しましたが，そのときは会議名を"近視野光学"と書きました．第 2 回目は 1993 年にアメリカのラレイ市（ノースカロライナ州）で開催され，そのときから招待ではなく一般参加方式に切り替わり，約 80 名が出席しました．私はその出席報告を再び上記の学会誌に寄稿しましたが（1994 年 1 月号），このときから名前を"近接場光学"と呼び変えました．なぜなら"近視野光学"では，当時活発になり始めた近視眼の矯正手術などと混同してしまう印象を与えると思ったからです．これを境に，どうやらその後は"近接場光学"という日本語名が定着したようです．

　その近接場光学の研究の初期である 1980 年代前半には，近接場光学顕微鏡を開発する研究が相次いで開始され，その研究成果は日本と欧米の数か所でほぼ同時期に発表されたため，特許権の主張などにも関連して，初期にはこの顕微鏡に対して様々な英語名が与えられました．その数は"研究者の数ほどある"と言われたときもあり，未だに統一的な英語名は決定していません．たとえばアメリカでは NSOM (Near field Scanning Optical Microscope)，ヨーロッパでは SNOM (Scanning Near field Optical Microscope)，さらには PSTM (Photon Scanning Tunneling Microscope) などと呼ばれています．その当時，

アメリカにおける研究を先導していた研究者の1人の主張では，SNOM を発音すると"スノーム"となって"swarm"（蜂の群）や"worm"（虫）などを連想してしまい，あまり響きがよくないので NSOM の方がよいということです．いずれにしても，学術的にしっかりした根拠はありません．

その証拠に，筆者らが数年前に論文を外国の学術誌に投稿して審査を受けたとき，"近接場光学顕微鏡のことを NSOM と記さないと掲載許可しない"とか"PSTM という呼称を使うのならば，PSTM に関して提出されている特許番号の全てを論文に引用せよ"などの奇妙な意見が返ってきたこともありました．特許も大事ですが，学問が発展することの方がさらに重要ですので，これらの意見が返ってこないようにするため，筆者は最も基本的で短い呼称 NOM (Near field Optical Microscope) を使うようにしています．

ところで 1960 年に発明されたレーザーについても，当初は光メーザー，イレーザーなどと呼ばれていましたが，その後の研究開発の進展により，レーザーという呼称に統一され，今日に至っています．筆者は近接場光学顕微鏡についても呼称を統一したいと思い，1995 年 12 月には筆者の古くからの知人であり，近接場光学に関する先駆者の1人，IBM チューリッヒ研究所のポール博士に提案し，呼称を統一する国際委員会を開催しようと試みました．ポール博士も当時の呼称が統一されていないこと，各呼称が確固たる科学的根拠に基づいたものではないことなどの問題点を認めながらも場所，時間，費用などの実行上の障害により，委員会開催は未だ実現していません．今後の展開に期待したいと思います．

4・2 構造を調べる

　光を使う測定の際だった利点は，試料の物質の構造を知ることができるということです．この測定は分光分析と呼ばれ，次のようにして行います．一般に物質に光をあてると，ある色の光だけを吸収する場合があります．またはある色の光を吸収して，ただちに別の色の光を発生する（つまり，発光する）場合があります．以上の事柄を1・1節で述べた知識を使って言いかえると，ある周波数 ν をもつ光子だけを吸収したり，また別の周波数の光子を発生するということです．それでは，どのようにして光子を吸収，または発生するのでしょうか？　これは物質の構造によるのです．つまり，その物質がどんな原子や分子でできているのか，さらにその中の電子がどのような値のエネルギーをもっているのかによって決まります．そこで吸収，または発生する光の周波数を測定すると，その結果から物質の構造を調べることができるのです．近接場光学顕微鏡を使って，このような分光分析を行うと，非常に小さな試料の構造を調べることができます．この場合は，照明モードがよく使われています．つまりファイバプローブの先の光ナノ粒子を試料の物質にあて，この光ナノ粒子がどのような周波数をもつとき，試料がそれを吸収するか，または発光するかを調べます．

　最近では半導体などを材料として，非常に小さな物質を作る技術が進歩し，これによって電子回路部品である集積回路，またはフォトニクス*次ページ の部品である半導体レーザーなどの寸法がどんどん小さくなってきていますが，このような微小化に伴って，

それらの構造を詳しく調べることの必要性が増しています。試料の寸法が小さいので、レンズを組み合わせて作られた普通の光学顕微鏡を使って分光分析を行ったのでは光の回折限界のために十分な分解能が得られません。そこで、光ナノ粒子を使った分光分析が必要となってくるのです。もちろん、このような分光分析は電子顕微鏡では不可能です。

それでは図 4・4 に示すような、半導体の量子ドットと呼ばれる微粒子を例にとり、その分光分析について紹介しましょう。半導体に電流を流したり、光をあてると自由に動き回れる電子が発生

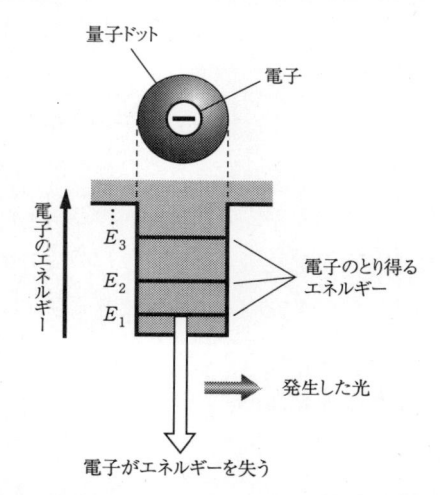

図 4・4 半導体の量子ドットと、その中の電子のエネルギーの値

---

*　（前ページの注）これは"フォトン"（光子）と"エレクトロニクス"（電子工学）とを組み合わせた言葉です。光エレクトロニクスとも呼ばれています。

しますが,ある種の半導体中では,その電子が光を発生します.この発光の性質を利用して半導体レーザーが作られ,これが光通信や光メモリ (CD, MD, DVD など) の光源として使われています.最近では半導体レーザーの性能を向上させるために (たとえば,流す電流の値が小さくても大きなパワーのレーザー光が発生するように) 材料の半導体を微粒子にすることが試みられています.このような微粒子が,量子ドットと呼ばれているものです.この名前の由来を説明しましょう.

半導体の微粒子の寸法が 10 nm 程度まで小さくなると,その中の電子は大きな半導体材料の内部ほど自由に動き回れなくなり,従ってそのとり得るエネルギーは特定の値のみに制限されます.そのエネルギーの値を正確に求めるには 1・1 節で述べた量子論を使う必要があります.つまり電子の振る舞いが量子論的なので,このドット状 (つまり点状) の微粒子を量子ドットと呼ぶのです.

このように,とり得るエネルギーが特定の値のみ (それらを小さい順に $E_1, E_2, E_3, \cdots$ と書きましょう) であるとすると,電子から発生する光のエネルギー,すなわち光子のエネルギーもそれに対応して,いくつかの値のみになります.光子のエネルギーは 1・1 節で述べたように $h\nu$ ですから,このことは量子ドットから発生する光の周波数 ν が特定の値になることを意味します.つまり特定の周波数をもつ光のみが効率よく発生するので,少ない電流で大きなパワーのレーザー光を発生させるのに好都合なのです.

以上の理由により,最近は量子ドットを作る努力がなされています.その代表的な方法は自己組織化と言われるもので,その中

でも特に考案者の名前をとって SK モードと呼ばれている方法が使われています．つまり，半導体の基板を高温に加熱しておき，その上に量子ドット用の材料を積み上げていきます．このとき，その材料は液体状態になっていますが，それが冷えて結晶になるとき，まず基板一面に薄い膜ができるのです．そして，その膜がだんだん厚くなるかというとそうではなく，やがて膜の歪みなどの効果によって，不規則な位置に小さな突起が隆起し始めます．つまり，あたかも地殻変動によって小山があちらこちらに隆起するようなものです．これらの小山が量子ドットとなるのです．ここで問題は，基板上のどこに量子ドットが作られるのかは予測できないということです．さらに重要な問題は，作られる量子ドットの寸法や形が，同じ基板上でもばらつくことです．従って各量子ドットの中の電子のとり得るエネルギーの値，発生する光の周波数もばらばらです．現在では，このばらつきを少なくする方法を開発する努力が続けられながら，基板上の多数の量子ドット全てを使ってレーザーを作ることが試みられています．将来もし，量子ドットの位置，寸法，形のばらつきがなくなれば，これらの量子ドットを多数使って，本当にすばらしい性能のレーザーが実現するでしょう．

―――――――――――――― 話の小さな粒 VII ――――

蓮の葉の上の水滴 ― 量子ドットの作り方 ―

　量子ドットを作る自己組織化にもいろいろな方法があります．本文

4・2 構造を調べる　　　71

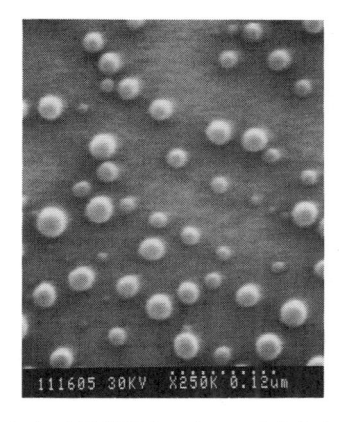

(a) 自己組織化によって作られた
量子ドットの電子顕微鏡写真．
写真の横幅は 350 nm に相当

(b) 蓮の葉の上の水滴

図 4・5　自己組織化と呼ばれる方法で作られた量子ドット
（東京工業大学　筒井一生助教授のご厚意による）

中のSKモードは、地殻変動で小山を隆起させるようなものでした。これとは別の自己組織化によって作られた量子ドットの例を**図 4・5**(a)に示します。これは興味深い方法で、図4・5(b)に示すように、産毛の生えた蓮の葉の上に水をたらしたとき、葉の全面が一様に濡れるのではなく、自然に水滴ができるような現象を利用しています。しかしこの場合にも、SKモードの抱える問題と同様、量子ドットの大きさや位置がばらつきます。

さて、このようなばらつきをなくすためには量子ドットの作製方法を改良する必要があります。そのためには各々の量子ドットが発生する光の周波数、電子のエネルギーの状態などを詳細に調べ、量子ドットの特性や構造を推定し、これらのデータを作製方法の改良に役立てなければなりません。この場合、光ナノ粒子を使い、各々の量子ドットから発生する光の周波数を調べるのが有利です。量子ドットは基板上に多数作られていますので、普通の光を使った方法では回折限界のために分解能が低く、各量子ドットからの光を測定することができず、ばらつきのある多数の量子ドットからの光が全て重なり合ったものが測定されてしまうからです。

図 4・6は、光ナノ粒子による測定方法を示しています。この図では、量子ドットに電流を流し込むのではなく、光をあてています。どちらの場合でも量子ドットは光を発生しますので、より簡単な方法として光をあてるのです。この場合、照明モードを使います。つまりファイバプローブ先端の光ナノ粒子を、そのような

4・2 構造を調べる

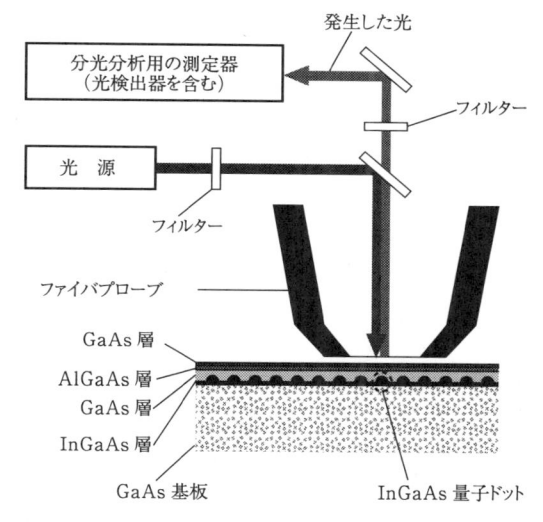

図 4・6 量子ドットから発生する光の測定装置

光として使うのです．この例ではインジウム In，ガリウム Ga，ヒ素 As という3つの元素からなる化合物の半導体 InGaAs の量子ドットを測定の対象としています．この量子ドットはお椀を伏せたような半球形で，高さと底面の直径は各々わずか 15 nm 程度，30 nm 程度です．もちろん，これらの値は各量子ドットごとにばらついています．このような量子ドットが，半導体 GaAs の基板の上に 1 cm^2 あたり 100 億個という高い密度で作られています．従って，隣り合う量子ドットの距離は 100 nm 程度ですが，この値もばらついています．

さて，量子ドットはキャップ層と呼ばれる，別の半導体材料でできた膜に覆われています．その厚みは 70 nm 程度で，量子ドッ

トの高さと直径よりも大きな値です.そしてキャップ層の上の表面は平らですから,その表面にファイバプローブを近付けて,前節のように近接場光学顕微鏡として観測しても,量子ドットの形は見えません.つまり,地下深く埋められた宝物を探すようなものです.4・1節のマイクロチューブリンの場合には,それを近接場光学顕微鏡でのぞき見ることが可能でしたが,ここではキャップ層表面から量子ドットまでの距離が大きすぎて,これは不可能です.そこで,以下に述べるような工夫をこらして,この困難を克服し測定しています.

ファイバプローブ先端の光ナノ粒子をこの表面にあてると,キャップ層内に自由に動き回る電子が多数発生します.これらの電子は半径 $1\,\mu m$ 程度の距離(これは拡散距離と呼ばれています)を走り回った後,いろいろな量子ドットの中に落ちていき,その中で許されるエネルギーの値をとります.その後,この電子が量子ドット中で光を発生し,エネルギーを失います.発生した光は四方八方に飛んでいきますから,表面の上空に凸レンズを置き,それを通して集めて測定すればよいのですが,実際には,それでは1個の量子ドットから発生した光だけを集めることにはなりません.なぜなら多数の電子が,最初にキャップ層内を $1\,\mu m$ 程度の距離だけ動き回るということは,動き回る範囲内には約300個の量子ドットがあるということ,従ってそれらから発生した光を凸レンズで集めると回折限界,すなわち凸レンズのピンぼけのために,ほぼこれと同数の量子ドットから発生した光を全て一緒に測定してしまうということになるからです.

4・2 構造を調べる

　この問題を解決し，1個の量子ドットから発生した光だけを測定するために，キャップ層の照明に使ったファイバプローブを再び使います．つまり1個の量子ドットから発生した光のうちの一部分を，このファイバプローブで散乱させ，その散乱光をファイバプローブ内部を通して出口まで送り，そのパワーを測定するのです．すなわち電子を発生させるために照明モードを使い，発生した光を測定するために集光モードを使うので，いわば**"照明・集光モード"**という使い方になります．ただし，光ナノ粒子のエネルギーは小さいので，1個の量子ドットから発生する光はとても微弱です．しかし，ファイバプローブの形をうまく調節して，この光を何とか測定できるように工夫をするのです．これは47ページの②で述べた，ミクロとマクロのインターフェース部分を工夫することを意味します．

　このようなファイバプローブを作るには第3章で説明した，酸性の溶液にファイバを浸して溶かす方法が有効に使われました．つまり2種類の溶液を用意し，そこにファイバを順次浸して溶かすと**図4・7**のように，コアの先端付近の尖り角が大きくなり，尖ったコアの根元から先端までの長さを短くすることができるのです．このことは照明モード用に使うとき，光源からの光がファイバ中を通り，尖ったコアの根元に達した後，さらに先端まで達する間に失うエネルギーが少ないこと，つまり高いエネルギーの光ナノ粒子が発生することを意味しています．逆に集光モード用に使うときには，尖ったコアの先端で散乱した光は，あまりエネルギーを失うことなく根元まで達することになります．こうして，

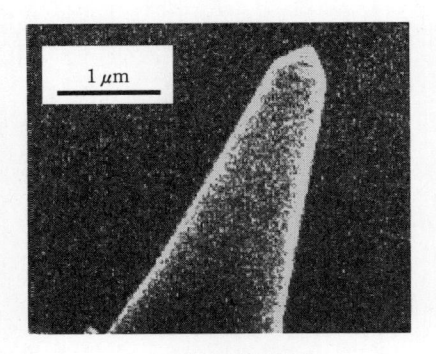

(a) 電子顕微鏡写真

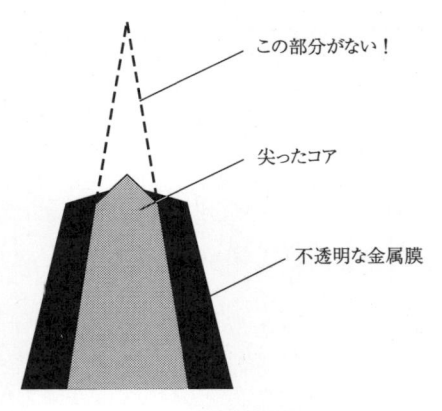

(b) 断面説明図

図 4・7 照明・集光モード用に作られた，先の短い先鋭化コアをもつファイバプローブ（(財)神奈川科学技術アカデミー 斉木敏治博士による）と，その断面説明図

量子ドットから発生する光が微弱でも，このファイバプローブを使った照明・集光モードで測定することができるようになりまし

4・2 構造を調べる

た．現在のところ，照明・集光モードに使えるのは図4・7のファイバプローブをおいて他にはありません．

なお，このファイバプローブを使っても，光検出器に到達する光のパワーは微弱なので，それを測定するには光子数計数法という特別な方法を使っています．光のパワーが微弱であるということは，光を構成する光子の数が少ないということなのですが，この光子の数を正確に数え上げるのです．さらに初期の測定では，電子が光を発生する効率を上げるために試料全体を－270℃程度の極低温まで冷却しました*．なぜなら，室温では量子ドット中の電子が光を発生する前に結晶を構成する原子などと衝突してエネルギーを失ってしまうのに対し，極低温では，このような衝突回数を少なくすることができ，電子のエネルギーを光の発生に有効に使えるからです．

図 4・8 には，そのような極低温での測定結果を示します．横軸に発生した光子のエネルギー $h\nu$ を J（ジュール）の単位で表しています．縦軸は測定した光のパワーの値を示しています．このようなグラフはスペクトル，特にこの場合は発光スペクトルと呼ばれています．この図では，光源から出てきた赤い色のレーザー光をファイバに入れ，その光のパワーの値をいくつか設定して，その値ごとに測定を繰り返し，その結果のグラフを数本示しています．発生した光の色は赤色と赤外光との中間，つまり近赤外光です．さて，この光は量子ドット中の電子から発生したのですから，

---

* 絶対零度は－273℃なので，この温度は，ほぼそれに近い極低温です．

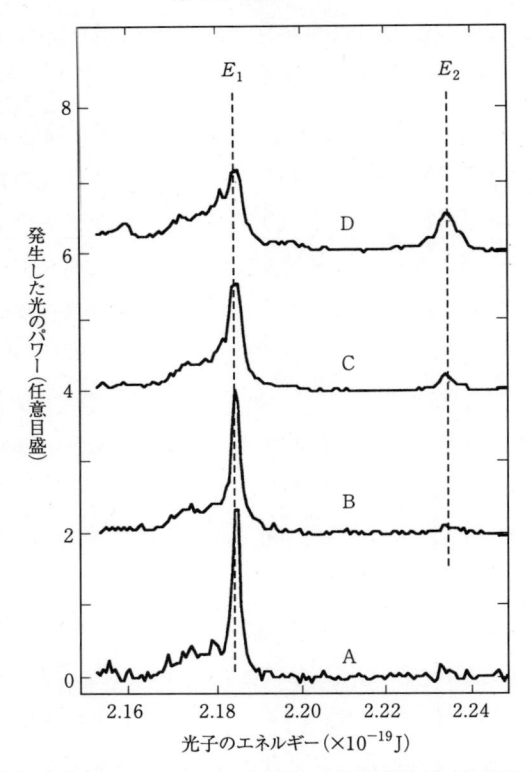

図 4·8 量子ドットの発光スペクトルの測定結果（(財)神奈川科学技術アカデミー　斉木敏治博士による）．曲線 A, B, C, D は，量子ドットを照明するための光ナノ粒子をファイバプローブ先端に発生させるため，ファイバに入れる赤い色の光のパワーの値を各々断面 $1\,\text{cm}^2$ あたり 1.3, 5, 14, 28 W と設定した場合の結果．破線で示したピークは，左側がエネルギー E_1，右側が E_2 に相当

横軸は量子ドット中の電子のエネルギーの値に対応しています．

縦軸は発生した光子の数の流量に対応しており，ファイバ出口で

測定すると毎秒わずか100～1000個でしたので,たしかに微弱な光であることがわかります.

　この図を見ると,曲線の左の方に鋭いピークがありますが,その位置での横軸の値は量子ドット中の電子のとり得る最低のエネルギー値を表しています.これが先に表した記号のうちの E_1 に対応しています.それとは離れていますが,右の方には低いピークがあります.その横軸の値は,電子のとり得るエネルギーの最低値の次の値を表しています.これが先の記号の E_2 です.両ピークが離れているということは,量子ドット中の電子のとり得るエネルギー値が特定の値のみに制限されていること,すなわち,電子の振る舞いが量子論的であることを見事に証明しています.このように,互いに離れたピークをもつスペクトルは光ナノ粒子を用いることによって初めて測定されたのです.なお,レーザーから出てくる光のパワーをさらに増加させれば,光ナノ粒子のエネルギーは容易に増加し,従って量子ドットから発生する光子の数も増加するので測定しやすくなります.しかし,この場合,スペクトルの曲線が広がり,ピークがなだらかになってしまうという事情がありますので*,照明用のレーザー光のパワーをむやみに大きくすることはできません.つまり,ここでは本当に微弱な光のパワーを測定しなければ,図4・8のようなきれいなグラフは描けないということです.

　この図のピーク位置のエネルギーの値をもつ電子は,光を発生

　＊　この現象は,スペクトルの飽和と呼ばれています.

した後，自由には動けなくなってしまうのですが，しばらく時間をかけて測定しつづけると，別の電子が順次この量子ドットに入ってきて，次々と光を発生します．左側のピークの高さが右側のそれよりも高いのは，次々に入ってくる電子は普通，最低のエネルギー値 E_1 をとりやすく，より高いエネルギー値 $E_2, E_3, \cdots$ をとる電子の数は少ない，ということを意味しています．

さて，このようにして個々の量子ドットから発生する光のスペクトルを測定し，その結果をまとめたものが図 4・9(a) です．この図は，ファイバプローブを縦横各々 3 μm の範囲で，試料上空を移動させながら測定した結果です．多数の量子ドットから発生した光のエネルギーの分布を示していますが，個々の量子ドットから発生した光が互いに分離されて水玉模様のように描かれているこ

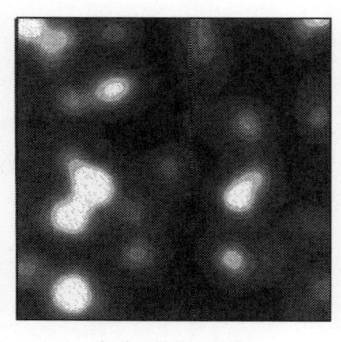

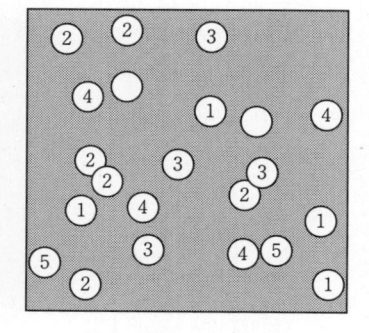

(a) 発光の分布　　　　　　　(b) 電子のエネルギー

図 4・9　基板上のいくつかの量子ドットからの発光の分布と，その中の電子のエネルギー（(財)神奈川科学技術アカデミー　斉木敏治博士による）．(b) の白丸は (a) の量子ドットに相当しますが，そこにつけられた数字 1 から 5 は，各々エネルギー E_1 から E_5 を表します．数字のない白丸は，その他のエネルギーです

とがわかるでしょう．凸レンズを通して測定したのでは，これらの光は互いに重なって見え，従って図 4・8 のような分離したピークをもつスペクトルも得られません．なお，この図では光が発生している部分を表す水玉のような明るい円形の直径は，量子ドットの直径より大きな値をとっています．これは発生する光が光ナノ粒子ではなく四方八方へ飛んでいくこと，さらにファイバプローブがキャップ層のために量子ドットに近付けないことなどの理由によります．

さて，この図中の各々の明るい円形の水玉の位置にファイバプローブを固定し，そこでスペクトルのピークの特徴を詳しく調べると，その光を発生した量子ドット中の電子のとりうるエネルギーの値がどのようなものであったかがわかります．その結果をまとめたものが図 4・9(b) です．図 4・8 と同じように，最低のエネルギー値 E_1 をもつ電子がある量子ドット，さらには，それよりも高いエネルギー値の電子をもつ量子ドットのあることがわかります．この図では，そのような高いエネルギーの値としては図 4・8 に現れた E_2 だけでなく，さらにそれより大きな値 E_3, E_4, E_5 もとっています．実際には，さらに高いエネルギー値 $E_6, E_7, \cdots$ などもあるのですが，そのような値をとる電子数は少ないので，それから発生する光は弱すぎて測定されません．

以上のようにして，各量子ドット中の電子のエネルギーが異なることがわかりました．これは各量子ドットの寸法，形のばらつきなどを反映していますので，この実験結果は，基板の上に多数の同等な量子ドットを均一に作るのにはどうしたらよいかなどを

考察するための貴重な資料となります．最近では，極低温まで冷やさなくても測定できるようになりました．さらに照明用のレーザー光を，フラッシュランプのようにとても短い時間*だけ使って，光ナノ粒子のパルスを量子ドットにあて，その後に量子ドット中の電子が光を発生しつづける持続時間を測ることにより，電子が特定のエネルギーをとりつづける時間（これは，電子の寿命と呼ばれています）を推定することも可能となり，考察のための資料がさらに豊富になってきました．これらの知識を利用することにより，優れた量子ドットが作られるようになるでしょう．なお，このような新しい分光分析装置は，日本のメーカーから世界で初めて製品化され，販売されるようになりました．

4・3 広がる応用

前節のような量子ドットへの応用の他に，光ナノ粒子は，別の種類の半導体微粒子から発生する紫外光を測定する分光分析にも使われています．この場合は紫外光に対して性能の高いファイバプローブが必要ですが，このファイバプローブについては次の章で触れましょう．この他，たった1つの色素分子からの発光の測定などの科学的な研究もなされています．

以上の分光分析の他に，ラマン分光分析という方法があります．"ラマン"とはインドのノーベル賞物理学者の名前で，ラマン効果という現象を発見した人です．この分光分析の方法は，このラマ

＊ 10f秒程度．fは"フェムト"と読み，1000兆分の1を表します．

4・3 広がる応用

ン効果にもとづいています*. この分光分析は有機物質, 液体などの構造を調べるのに広く使われています. ただし, このようなラマン分光分析用の顕微鏡の分解能はすでに回折限界にほぼ達しており, 最近では画期的な技術改良が見られず, 従って約 1 μm 以下の小さな寸法の試料を測定することができませんでした. そこで照明モードのファイバプローブを使って, 光ナノ粒子をあてる方法が考案されたのです.

ただし測定する光のパワーが, 前節の量子ドットの場合に比べさらに小さく, 1/10〜1/100, またはそれ以下だということが問題です. つまり 1 秒間に光検出器に届く光子の数が 1 個, またはそれ以下の場合もあるのです. このような場合, 実験室を真っ暗にしたつもりでも, 隣の部屋の蛍光灯の光がドアの隙間からわずかに入ってきて, それが光検出器まで届くとすると, そのパワーの方が大きくなってしまうのです. さらに"邪魔者"として, 宇宙のかなたから飛んでくる宇宙線があります. つまりこれが光検出器に衝突し, 間違いのデータを出す頻度の方が大きくなる場合もあるのです. そこで, これらの"邪魔者"を取り除くように測定装置を整備し, かつ図 4・7 に示した性能の高いファイバプローブが測定に用いられました.

---

* 物質が分子から構成されているとき, それに光をあてると分子が振動を開始し, それが光を発生する場合がありますが, そのようにして発生した光の周波数は, あてた光の周波数に比べると分子の振動の周波数だけずれています. このように分子振動が原因となり, 周波数のずれた光が発生する現象はラマン効果と呼ばれています. 従ってこの周波数のずれを測定すれば, 分子の構造などがわかります.

84　　　　　　　　　第4章　測　　る

　こうして得られた結果が**図 4・10** です．これはポリジアセチレンという高分子の有機材料を試料としたものです．この分子中には，炭素原子どうしの二重結合や三重結合がありますが，この分子に光をあてると，この結合部が振動して，あてた光とは周波数の異なる光を発生します．この図では特に，二重結合の振動に起因した光のパワーの分布が測定されています．図中には白丸が書かれ

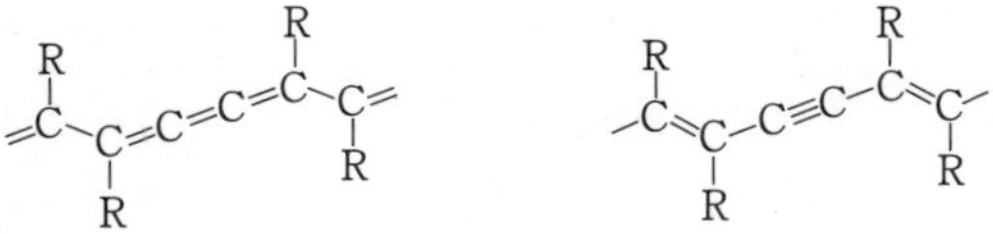

Rは $(CH_2)_4O-CONHC_2H_5$

（a）分子構造．左側は炭素の二重結合のみを含む分子を，右側は三重結合を含む分子を示します

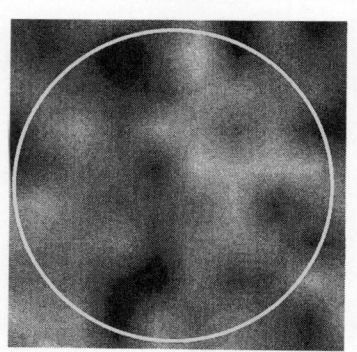

（b）ラマンスペクトル強度の分布．白丸は，光の回折限界による従来の方法のピンぼけの大きさを表します

図 4・10　ポリジアセチレンのラマンスペクトル強度（日本分光(株)　成田貴人氏のご厚意による）

ていますが，この丸の大きさは回折限界，つまり今までの顕微鏡のピンぼけの大きさを表しています．つまり過去10年間，この丸より小さな像は得られていなかったのです．それに対し，この図では丸の中に細かい模様が見えています．これは炭素どうしの二重結合をもつ分子の数の分布を表しています．こうして10年来の希望が実現しました．以上の方法はポリジアセチレン以外にも，

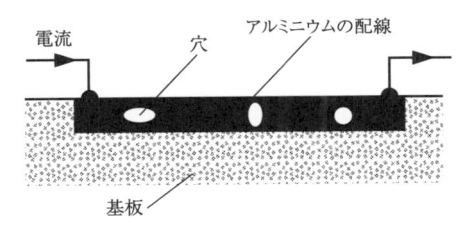

(a) アルミ配線と微小な穴の断面図

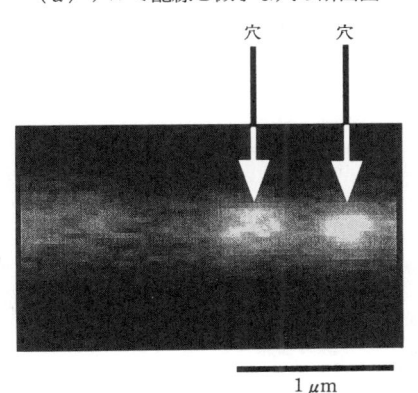

(b) 測定結果（上から見た図）

図 4・11　集積回路表面のアルミ配線とその中の微小な穴
　　　　　（日本電気(株)　二川清氏のご厚意による）

人参の中に含まれるベータカロチン，電子回路部品である集積回路に用いられる単結晶シリコンなど，多数の試料に対して応用されています．このような高い分解能のラマン分光分析は今後ますます必要とされますが，前節の量子ドットから発生する光のスペクトルを測定する装置を少し修正すれば，このラマン分光分析に使えますので，最近になって日本のメーカーから世界に先駆けて市販されたこの装置により，いろいろな試料の構造が詳しく調べられるようになるでしょう．

この他，分光分析のより実用的な応用例を2つ簡単に紹介しましょう．その原理はやや複雑なので省略しますが，少し変わった例なのでおもしろいかもしれません．第一の例は**図 4・11** に示すよ

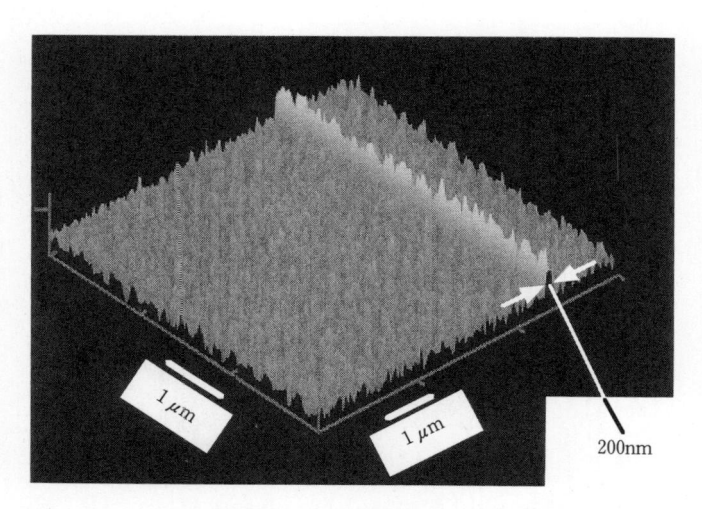

図 4・12 シリコン製集積回路の中の pn 接合部分に順方向バイアスを加えたときに発生した，光のパワーの空間的分布（東京工業大学大学院　福田浩章氏による）

うに，電子回路部品である集積回路の表面にはりめぐらされている細い金属製（アルミ製や金製）の配線の中にある微小な穴を見つけることです．これは作製した集積回路の不良品を見つけることに役立ちます．第二は**図 4・12** に示すように，半導体の代表例であるシリコンを使って作られた集積回路中の特定の狭い位置から発生する光を測定することです．この光は集積回路が壊れ始めるときに発生すると言われており，これも不良品を見つけるだけでなく，壊れる原因を調べることにも役立つでしょう．普通，シリコンという半導体は光を発生しにくいのですが，集積回路が壊れそうになると光を出すというのは不思議ですね．

第5章 加工する

5・1 小さな物質を作る

2・3節では,光ナノ粒子表面の光の膜を測定するために,針でシャボン玉を突き刺し,パチンと割るように破壊するということを説明しました.また測定とは,卵の双子の黄身のように,球Pを球Sとともに光ナノ粒子の中に置くことであることも説明しました.このことは,もし光ナノ粒子のエネルギーが強くなると測定用の球Pによって,光ナノ粒子表面の光の膜だけでなく,球Sさえも破壊される可能性を意味しているのです.球Sが本当に粉々に砕かれてしまうと困りますが,もしこの可能性をうまく利用することができれば,球Sの形や構造を希望どおりに変化させること,言いかえると"加工する"ことができます.

つまり光ナノ粒子の測定原理が光の膜を破壊することである以上,その本質的な応用は決して前章のような測定にあるのではなく,実はこのような加工にあるのです.測定は破壊の程度が無視できるほど小さいときに成り立つ近似なのです.本章ではこの観点から,光ナノ粒子を使った加工について考えます.その代表例は基板の上に小さな物質を積み上げ,作っていくことです.これは堆積とも呼ばれています.これとは逆の加工として,基板を削っていくことも可能です.しかしたとえば15ページ③の説明の

5・1 小さな物質を作る

ように,ナノ寸法の光集積回路を作るためには,基板の上に様々な部品を作らなくてはなりません.そのためには基板を削るよりも,基板の上に堆積することの方が直接的な加工方法なので,以下ではこれについて説明します.

金属の一種である亜鉛 Zn を例にとって堆積の原理を説明しましょう.真空容器の中に,ジエチル亜鉛 $Zn(C_2H_5)_2$ という気体を満たしておきます.この気体は,亜鉛原子とエチル基 $—C_2H_5$ とが結合した分子からなっています.これに光をあてると,分子は光子のエネルギー(その値は第 1 章によると $h\nu$ でした)を吸収します.このエネルギーが十分大きいと,分子は分解して亜鉛原子とエチル基とに分かれます(これは光解離と呼ばれています).光解離のために必要なエネルギーは,分子の種類と構造とで決まっており,ジエチル亜鉛の場合は $4.59\,\mathrm{eV}$ です.この値より $h\nu$ の方が大きくないといけませんので,使う光の周波数 ν の最小値はこの大小関係から決まります.ジエチル亜鉛の場合,その周波数は紫外光に相当します.従って,もし紫外光をこの分子にあてれば光解離し,亜鉛原子は基板の上に落ちて堆積します.この堆積法は,光を使った化学気相堆積 (CVD:Chemical Vapor Deposition) と呼ばれています.これは今から 10 年程前に開発され,研究が進みました.しかし,小さな物質の堆積には使われませんでした.それは 1・2 節で述べた,光の回折限界が原因です.

しかし,もし光ナノ粒子を使って CVD ができれば,小さな物質を堆積することができます.それは図 5・1 に示す方法で行います.照明モードのファイバプローブの先に紫外光の光ナノ粒子を発生

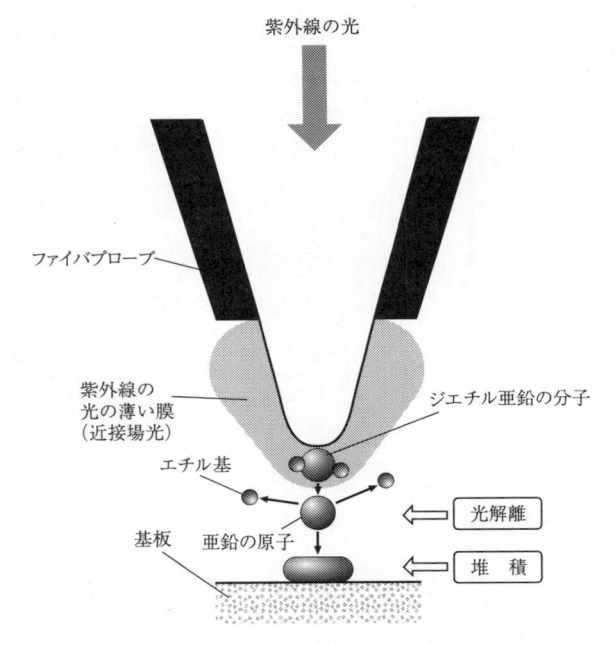

図 5・1　亜鉛のCVDの原理

させ，その中に飛び込んできたジエチル亜鉛の分子を光解離し，亜鉛原子を基板の上に堆積していくのです．今のところは亜鉛を例にとって説明していますが，実はこの方法は堆積したい物質，それを構成する原子を含む分子，それを光解離するための光子のエネルギー（言いかえると，光源からの光の周波数）の三者の組み合わせが見つかれば亜鉛だけではなく他の金属，さらには絶縁体，半導体なども堆積することができるのです．また，これらの多様な物質を同じ基板の上に隣り合わせて堆積することも可能ですし，また基板を削っていく方法と違い基板を傷つけないので，

5・1 小さな物質を作る

とても応用範囲の広い魅力的な方法です.

ただし,解決しなければならない問題があります.それは亜鉛の場合には,紫外光用のファイバプローブを作るためのファイバがないということです.つまり,普通のファイバは主に光通信に使うため可視光〜赤外光を通すように作られていますので,紫外光を通すには適していないのです.このようなファイバは,紫外光をとてもよく散乱,吸収してしまいます.従って,たとえば紫外光がそのようなファイバ中を1m進むと,そのパワーはなんと最初の値の100億分の1にまで減衰してしまいます.これではファイバの入口から紫外光を入れても,ファイバプローブ先端にはちっとも光ナノ粒子は発生しません.そこで,紫外光をよく通すファイバの素材が新たに開発されました.そのファイバではコアの部分に,**話の小さな粒 V** で述べた GeO_2 を含むガラスとは異なるガラスが用いられたのです.その結果,紫外光のパワーの減衰量は,1m進む間にわずか2%という小さな値のファイバができました.これは今までの値と比べると驚異的に小さく,このファイバは紫外光に対してほとんど"透明"と言ってよいでしょう.このようなファイバは,日本の技術力の高さゆえに実現できたもので,もちろん外国にはありません.このように優れたファイバが得られたので,これを使ってファイバプローブを作ることができました.それは第3章にも説明した,酸性の溶液に浸して尖らせるという日本のお家芸によるものでした.

このようにファイバプローブを作ることができたのですが,実はもう1つの心配事がありました.つまり図5・1にあるように,

ファイバプローブ先端には光ナノ粒子があり，その表面の光の膜のエネルギーの値はファイバプローブ先端の表面が一番大きく，外へいくほど小さくなるので，光解離した亜鉛原子は基板の上に堆積するよりも，むしろファイバプローブ先端の表面にどんどん堆積し，ついにはファイバプローブ先端が不透明になって，光ナノ粒子が発生しなくなるのではないかという心配でした．しかし実際に実験してわかったことですが，小さな物質を堆積するのに要する時間は数秒〜数分なのに対し，ファイバプローブ先端が不透明になるまで堆積するのには2〜3時間もかかるということでした．つまり，このような心配はしなくてもよいということです．

以上のように，ファイバプローブを作る困難を乗り切る努力，心配事に負けず実行する勇気によって実験が成功したのです．机上の空論を振り回したり，物事を否定的に批判することよりも，勇気と努力の方が大切なのですね．

それでは，堆積した結果をいくつか紹介しましょう．**図5・2**はガラス板の上に亜鉛の原子を堆積させ，互いに隣接した位置にお皿を伏せたような亜鉛の小山を2つ作った結果です．この図中では2つの小山の直径は各々60 nm，70 nmになっています．4・2節の量子ドットの寸法に迫るほどの小さな値ですね．高さは2 nm程度です．ただし，この図は堆積した後に別の顕微鏡で小山の形を測定したのですが，その顕微鏡の分解能が十分高くないので，実際の寸法よりも大きな像になっていると考えられています．普通の光を使った従来のCVDでは光の回折限界が災いして，この10倍以上の直径のものしか作れませんので，本方法の優秀性がわ

5・1 小さな物質を作る

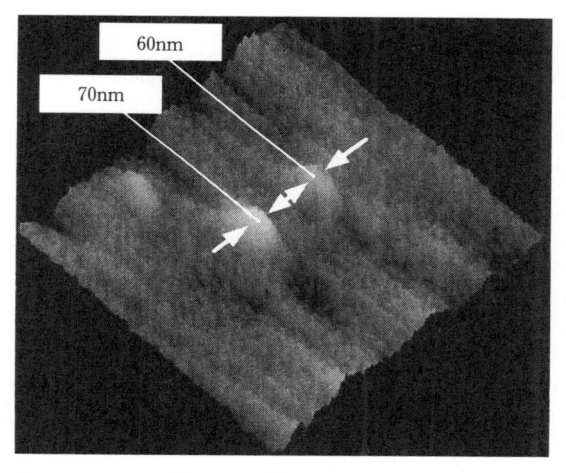

図 5・2 ガラス板の上に近接して堆積した，2つの小山のような亜鉛（東京工業大学大学院　山本洋氏による）（口絵カラー参照）

かります．従来の方法に対する優秀性のもう1つは，図のように2つの小山の距離がわずか 100 nm であり，これは小山の直径と同程度まで小さいこと，さらにファイバプローブの位置を調節すれば，この距離はいくらでも小さくできることです*．以上のようにファイバプローブを使い，その位置を調節すれば，小さな寸法の物質を希望する位置に，かつ希望する間隔で作れますが，これらは普通の光を使った CVD では到底不可能で，4・2節で述べた，量子ドットを作る自己組織化という方法でも不可能でした．それが光ナノ粒子を使った CVD により，初めて可能になったのです．

---

*　このことの重要性は，5・2節で再び指摘します．

なお，これらの小山を1つ作るのに要した時間は数秒〜数分でした．当然のことながら，時間の増加とともに高さが増しました．しかし，直径は一定でした．なぜなら直径は，ファイバプローブ先端の光ナノ粒子の大きさによって決まるからです．

なお，お皿を伏せたような小山の他にも図 5・3 に示すように，楕円曲線の形をもつ亜鉛の細線パターンを堆積することができました．ここでは基板に近付けたファイバプローブを，楕円を描くように動かしながら堆積しました．得られた曲線の幅は 15 nm 〜 20 nm です．高さは 4 nm で，これは亜鉛原子が 50 個ほど積み上がっていることに相当します．このように細いパターンが自在に描けるというのも，他には見られない大きな利点です．なお，このパターンは堆積の実験が長時間に及んでも，ファイバプローブ先端には決して亜鉛が堆積しないという特別な方法で作られたものですが，その詳細はここでは省略します．

さて先ほど説明したように，堆積可能な物質は亜鉛だけではあ

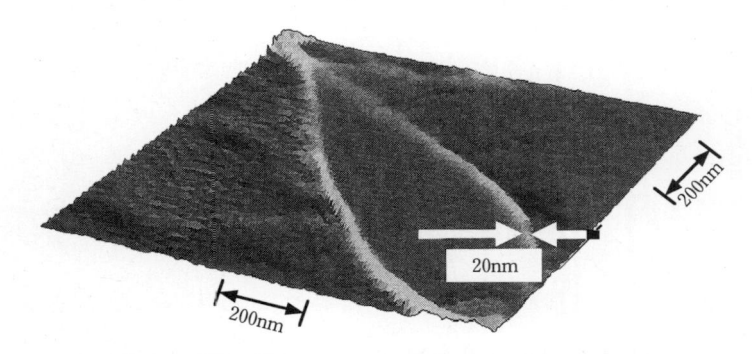

図 5・3 楕円曲線状に堆積した亜鉛（東京工業大学大学院 V. V. Polonski 氏による）

りません．金属ではアルミニウムも同様の方法で堆積されていますし，この他にタングステンなどの堆積も可能です．さらに，いくつかの絶縁体や半導体も堆積することができます．すでに，これまでに半導体の一種である酸化亜鉛 ZnO の微粒子が堆積されています．これを堆積するのには，今までの亜鉛の堆積の方法が応用できます．つまり，ジエチル亜鉛の気体とともに酸素を真空容器中に入れると，ジエチル亜鉛が光解離してできた亜鉛が酸素と反応し，酸化亜鉛になるのです．この酸化亜鉛は，非常に魅力的な物質です．なぜなら，それは青い光を発生するからです．すなわちこの微粒子を作ると，それは量子ドットとして働き，それに電流を流したり光をあてると青い光を発生します．すでに微粒子を作ることと，青い色の光を測定する実験が行われています．今後さらに，研究が発展すると期待されています．

　さて以上で説明しましたように，光ナノ粒子を使う CVD の特長は回折限界をはるかに超えて微小な，かつ様々な形状のパターンを作ることができること，その寸法はファイバプローブの形状や走査範囲によって制御でき，その堆積する位置は基板上でのファイバプローブの位置により決めることができること，などでした．しかし，実はもっと重要な特長をもっていることを最後に指摘しましょう．それは亜鉛の例で言うと，紫外光の場合の半分の光子エネルギーをもつ可視光を用いても，ジエチル亜鉛の光解離が起こるということです（これは紫外光を用いる場合より少し効率が低いのですが，たしかに起こります）．この原因はファイバプローブ先端の光ナノ粒子のエネルギー密度（これは単位断面積あ

たりの光エネルギーの値です)が高いこと*，かつファイバプローブ先端とCVD用の気体の分子との距離が非常に近いことによることがわかっています．このような原因は光ナノ粒子固有のものであり，かつジエチル亜鉛以外に対しても成り立ちますから，紫外光の代わりに低い光子エネルギーをもつ可視光を使って様々な分子を解離することができ，普通の光では不可能だった新奇な物質の堆積の可能性が広がります．

5・2 ナノ寸法の光集積回路へ向けて

前節の堆積技術を使うと，たとえば図5・4に示すようなナノ寸法のとても小さな光集積回路を作ることができます．15ページ③に述べた要求に応えることができるようになるでしょう．この図では，たとえば堆積された金属の配線を通して量子ドットに電流を送り，電子を注ぎ込みます．すると量子ドットから光が発生するので，これを光源として使えます．この他に，発生した光のパワーを調節する微粒子や，光のエネルギーを測定するための光検出器なども，量子ドットなどを利用して作ることが原理的には可能です．従って，これらの部品を組み合わせれば，ナノ寸法の光

---

* 光ナノ粒子をファイバプローブで散乱させ，その散乱光のパワー，すなわちエネルギーの流量を測定した結果をもとに説明しましょう．このパワーの値はわずか数 nW 〜 数 μW にすぎません．しかしその単位断面積あたりのパワー，すなわちパワー密度はなんと 1 cm^2 あたり数 kW，またはそれ以上に達します．これは光ナノ粒子の寸法が数 nm と小さいので，たとえ全パワーが小さくてもパワー密度は非常に大きくなるということを意味しています．このことはエネルギー密度が高いことを証明しています．

5・2 ナノ寸法の光集積回路へ向けて　　　　97

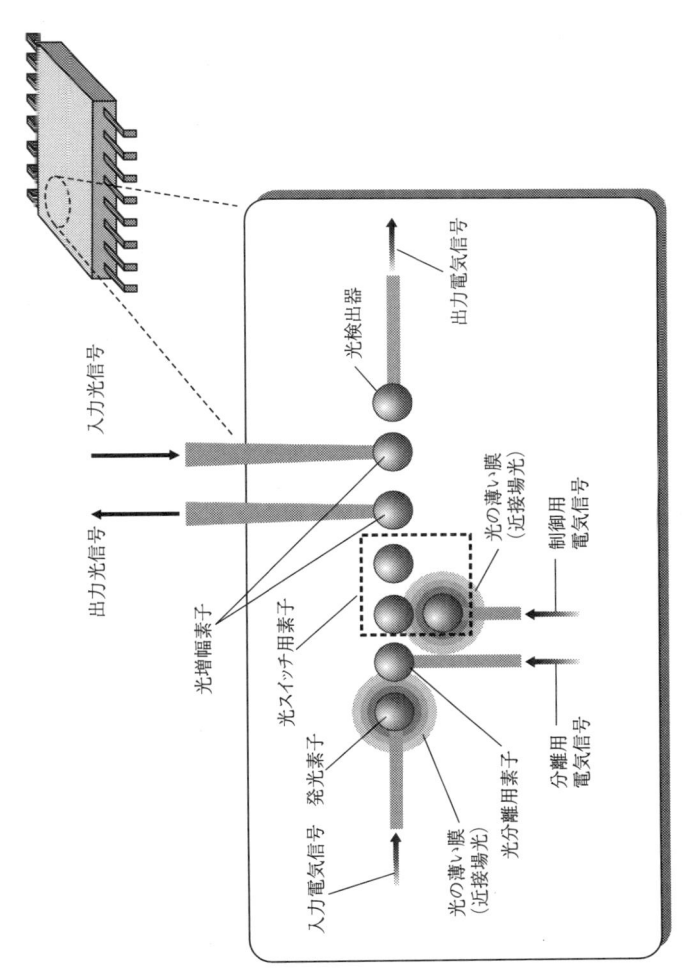

図 5・4 ナノ寸法の光集積回路の構造

集積回路ができると考えられます．

　ここで注意すべきことは，量子ドットからは図2・1のように光の膜と同時に普通の光，すなわち遠くまで飛んでいく光も発生する可能性があるということです．これは第2章でも説明したように，ちょうどストローの先に作りかけのシャボン玉があるとき，同時に空中を飛んでいるシャボン玉もあるということと同じです．ナノ寸法の光集積回路を動作させるには，光ナノ粒子だけを使う必要がありますので，もし飛んでいく光を使うとすると，やはり回折の影響が現れてしまい，ナノ寸法の光集積回路を使いこなすことは決してできません．これを使いこなすために，ここでは光源としての量子ドット自体を，光ナノ粒子として利用します．つまり量子ドットから発生した光のうち，光の膜のエネルギーだけを隣の量子ドットに移していくようにし，次々と隣り合う量子ドットによって光ナノ粒子をリレーしていき，これによって私達が送りたい情報を送るのです．

　なお，このリレーを行うために隣り合う量子ドットの距離は，その直径程度まで近くなくてはなりません．なぜなら2・1節で説明したように，光ナノ粒子表面の光の膜の厚みは，量子ドットの寸法程度だからです．つまり，この条件を満たすように複数の量子ドットを実現するには，希望する材料の微粒子を，希望する寸法で，希望する位置に隣接して作ることができる方法を使わなくてはなりません．これには光ナノ粒子を使ったCVDが最適であると考えられ，すでに図5・2や図5・3がそれを実証しています．このようなことは4・2節で説明した自己組織化を含め，従来の方

法ではほとんど不可能と言ってよいでしょう．現在までに光集積回路部品として，光ナノ粒子を利用して，すでに金属配線，青い光を出す酸化亜鉛の微粒子，光集積回路内部の部品と外部の光回路とを接続する細い光配線などが作られていますし，さらに図5・4の中には，半導体の量子ドットを光のスイッチとして使うアイデアが示されていますが，その原理確認実験もすでに行われています．これらを発展させれば，ナノ寸法の光集積回路が実現する日も遠くはないでしょう．

5・3 超高密度の光メモリを作る

従来の光メモリの代表例は，皆さんが音楽，画像，コンピュータゲームを楽しむときに使っているCD，さらには最近実用化されたMD，DVDなどです．光メモリは，何か重要な事柄を鉛筆でノートに書き，それを読み，不要となったら消去するという動作を，皆さんに代わって実行してくれる装置です．つまり図1・7にも示されているように，鉛筆に相当するものは凸レンズで絞られたレーザー光のビーム，ノートはプラスチックの板で挟まれた円盤状の記録媒体です．記録するにはレーザー光のパワーで，記録媒体の表面に小さな穴（ピットと呼ばれています）を開けます．この穴1つが記録する情報の最小単位，つまり1ビットに対応します．情報を読む（これは，再生と呼ばれています）場合には，このピットに再びレーザー光をあて，その反射光のパワーを測定します．穴の有無によって反射される光量が異なることを利用するのです．消去する場合は，レーザー光を使って穴を修復します．

ただし光メモリの中には,皆さんが自由に記録,消去できるものと,そうでないものなど,いくつかの種類があります.

1・3節で述べたように,2010年の社会が光メモリに対して要求している内容は,記録密度が記録媒体の面の1平方インチあたり1Tビット,つまり1Tビット/平方インチという値です.これはDVDなどの100倍またはそれ以上に相当するとても大きな値であり,これを実現するためには直径25 nm程度の大きさのピットを記録しなければなりません.しかし,この寸法は回折限界に阻まれ,実現不可能な値です.

そこで,光ナノ粒子が必要となります.その原理を図5・5に示します.鉛筆に相当するのは照明モードのファイバプローブで,光ナノ粒子はその"鉛筆"の先の尖った芯に相当します.記録と消去は5・1節で述べた"加工"に,再生は第4章の"測る"に各々相当しますので,このような超高密度の光メモリは,光ナノ粒子を使わないと決して実現しない応用です.そこで多くの人達が興味をもち,近い将来の実用化に向けて活発な開発が始められているのです.

最初の実験結果の1つは,アメリカのAT&Tベル研究所から報告されました.それは磁気光学材料と呼ばれる薄い膜で作った記録媒体にファイバプローブを用いて記録,再生したもので,直径50 nm程度のピットが得られました.ただし,これは光ナノ粒子のエネルギーで直接的に記録されたものではないことが後になって指摘されました.つまり,ここで使ったファイバプローブは光ナノ粒子の発生効率が低かったため(なぜなら,このファイバ

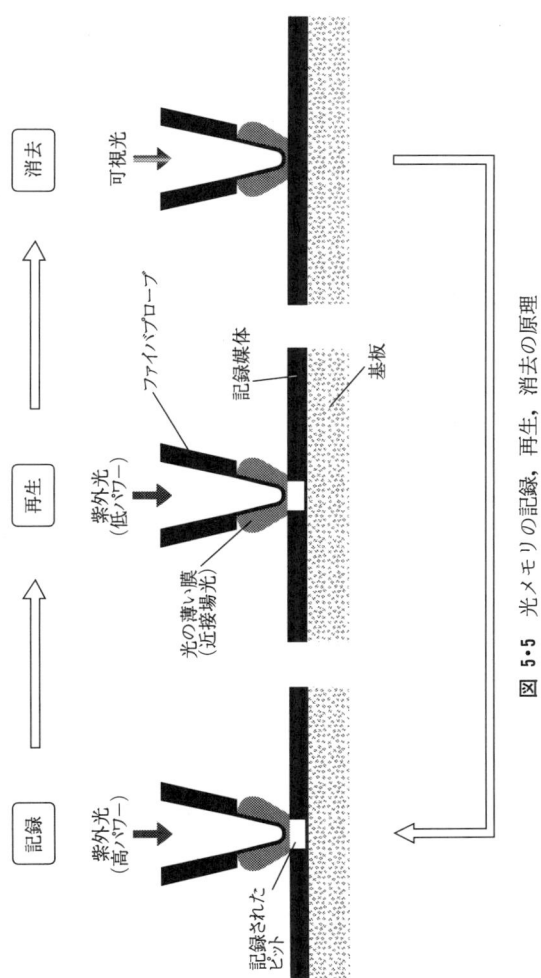

5・3 超高密度の光メモリを作る　　　101

図 5・5　光メモリの記録, 再生, 消去の原理

プローブは飴細工のようにファイバを熱して溶かし,引きちぎって作ったもので,第3章で説明した酸性の溶液に浸して尖らせる方法で作ったものではなかったからです),レーザーから出た光がファイバに入って先端に達したとき,光ナノ粒子を発生するよりも,むしろその表面に塗られている金属膜を加熱し,その熱が記録媒体に伝わって記録されたものであろうと言われています.言いかえると光ナノ粒子による記録ではなく,"微小金属ヒーター"による記録とでもいうようなものです.

　一方,同時期に著者らのグループは東京工業大学の藤平正道教授からフォトクロミック材料でできた記録媒体を頂き,これを用いて実験を行いました.この材料は光をあてると透明になる性質をもっています.この変化は5・1節で述べたCVDと同様,光化学反応によって起こります.熱では決して起こらないので,もしこの変化が起これば,決して"微小金属ヒーター"による記録ではなく,光ナノ粒子による記録が実現したということが証明できます.幸い,第3章の方法で作ったファイバプローブは光ナノ粒子の発生効率が高かったので首尾良く記録(つまり,多数個の光子からなる光ナノ粒子を使って記録材料を透明にする),さらに再生する(少数個の光子からなる光ナノ粒子を使って,その透明度を測る)ことができました.また,赤外光に近い光ナノ粒子をあてて消去することもできました.記録媒体表面中の1か所を透明化し,再生した結果を**図5・6**に示します.中央の円形の部分がピットを表し,その寸法は約50 nm程度,つまりベル研究所の結果と同様の大きさです.ただし,これは"微小金属ヒーター"では

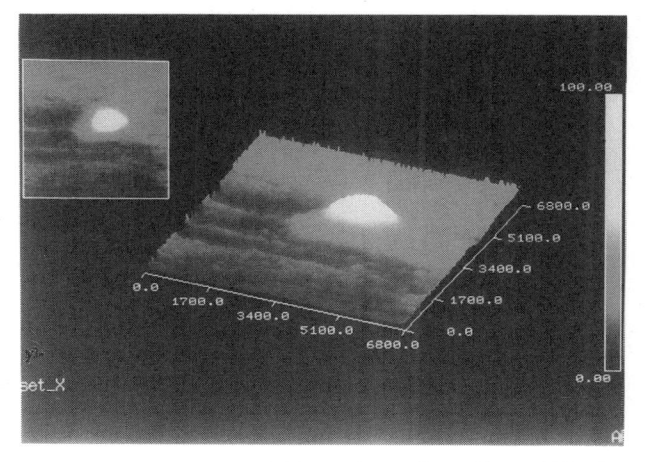

5・3 超高密度の光メモリを作る　　　103

図 5・6 フォトクロミック材料に記録した後，再生した結果（図中央の円形の白い部分）．直径は約 50 nm（東京工業大学大学院　蒋曙東氏による）（口絵カラー参照）

なく，純粋に光ナノ粒子による記録になっています．

　この実験は，私達のグループの学生諸君が非常に努力して成功させました．その結果は，彼らが学会の研究講演会で発表しました．引き続き彼らは，論文を執筆し出版することを強く希望しましたが，私自身は少し消極的でした．なぜなら，光メモリというのは広く社会で使われる実用的な装置ですから，その耐久時間，信頼性などが重要だからです．それに対し実験結果は，あまりにも初期的な事実，つまり高密度の記録再生の可能性を示したにすぎません．そこで，私達は光メモリの論文としてではなく，光の薄い膜とフォトクロミック材料の光化学反応の論文として英文で出版しました．

　案の定，発表当時はあまり反響はありませんでした．しかし，

いくつかの企業ではこれらの仕事に注目し，実験を始めました．そうこうするうちに産業界，学術界が英知を集め，2010年の社会が光技術に要求する値を推定する作業が行われ*，また現在の光メモリ技術が回折限界に近付きつつあることなどの事情により，最近では光ナノ粒子による光メモリに対する期待が急速に高まってきています．

5・4 光メモリの実用化への挑戦

実用的な光メモリを作るには，さらに多くの問題を解決しなければなりません．たとえば代表的な例として，次のような問題があります．

① ファイバプローブは壊れやすいのではないか？
② ファイバプローブを速く動かすにはどうしたらよいか？
③ 今までの光メモリと同じ記録媒体は使えるのか？
④ どのような種類の情報を記録するのか？

これらについて多くの議論が繰り返され，その結果をもとに開発が始まっています．つまり，もはや時代は光ナノ粒子による光メモリの可能性を示す基礎研究の段階を脱し，実用化に向けての開発段階に入ったと言えます．

まず，①と②を解決する方法の例について紹介しましょう．フ

---

* その結果は13ページの脚注にも掲げたように
　　(財) 光産業技術振興協会編：光テクノロジーロードマップ報告書
　　― 情報記録分野 ― ((財) 光産業技術振興協会，1998).
　としてまとめられています．

ァイバプローブはガラス製の細い針ですから，繰り返し使うと最後には磨耗してしまう可能性があります（ただしある場合には，同じ程度に尖ったタングステン針より強いことがわかっています．たとえば直径 1 μm 程度のプラスチック球をこのタングステン針で突き刺そうとすると，タングステン針が曲がってしまうのに対し，ファイバプローブで行うと，プラスチック球が真っ二つに割れるのです）．また，それを速く動かすことも容易ではなさそうです．ちなみに 1 T ビット/平方インチのように高密度の記録ができると，その再生も速く行う必要があります．光メモリの応用目的によって変わりますが，目安として毎秒 1 億個のビットを読み出すことが目標とされています．つまり再生速度は 100 M ビット/s です（M は"メガ"と読み，100 万を表します）．ピットの寸法は 25 nm ですから，このことはファイバプローブを毎秒 2.5 m の速度で動かさなくてはならないことに相当します．しかも光ナノ粒子を使うのですから，ファイバプローブの先端と記録媒体表面の間隔を 25 nm 以内に保つ必要があります．

――――――――――――――――――――― 話の小さな粒 Ⅷ ―――

地上すれすれに飛ぶジェット機

　記録媒体表面のわずか 25 nm 上を毎秒 2.5 m の速度でファイバプローブを動かすということは，どんなことなのか？　一例としてマッハ 2 の超音速で飛ぶジェット機を例にとり考えましょう．音速は毎秒約 350 m ですから，マッハ 2 の速度は毎秒約 700 m であり，これは毎秒 2.5 m の約 280 倍です．そこで 25 nm を同じく 280 倍すると 7 μm になりま

す.つまり,超音速ジェット機が地上すれすれの高さ7μmを飛んでいることになります.これは"すれすれ"などと表現すべき高さでは決してなく,ジェット機が機体を地上にかすりながら動いていると言う方が適当ですね.このような状態では,ジェット機の腹と地上表面との間でどのような摩擦が起こっているのでしょうか.想像の範囲を越えています.このように想像の範囲を越えた現象が,記録媒体の表面上でも起こっているのに違いありません.この現象の解明は,今後の発展に期待したいものです.

たしかに,この要求を実現するのは容易ではありません.そこでファイバプローブの代わりになる部品(記録再生ヘッドと呼ばれています)として,**図5・7**のように,たとえばシリコン結晶の板を加工してファイバプローブ先端のような突起を作る方法が試みられています.つまり,生け花に使う剣山のようなものを作るのです.この板の裏面に光をあてると,突起先端の上に光ナノ粒子が発生します.そこで**図5・8**のように,この板を裏返しにして記録媒体にのせます.このとき記録媒体の上に潤滑剤(油のようなもの)の薄い膜を塗っておくと,"剣山"の近くに作られたパッドと呼ばれる台座がこの膜に触れ,その上を滑るように動きます.つまり潤滑剤の厚みで決まる間隔を保ちながら,"剣山"をなめらかに速く動かすことができるのです.氷のリンクの上に,大きな石の円盤を滑らせるスポーツ"カーリング"に似ていますね.

さて,この方法にはさらに2つの利点があります.その第一は,すでに図5・7にも描かれているように,このような突起は同じ板

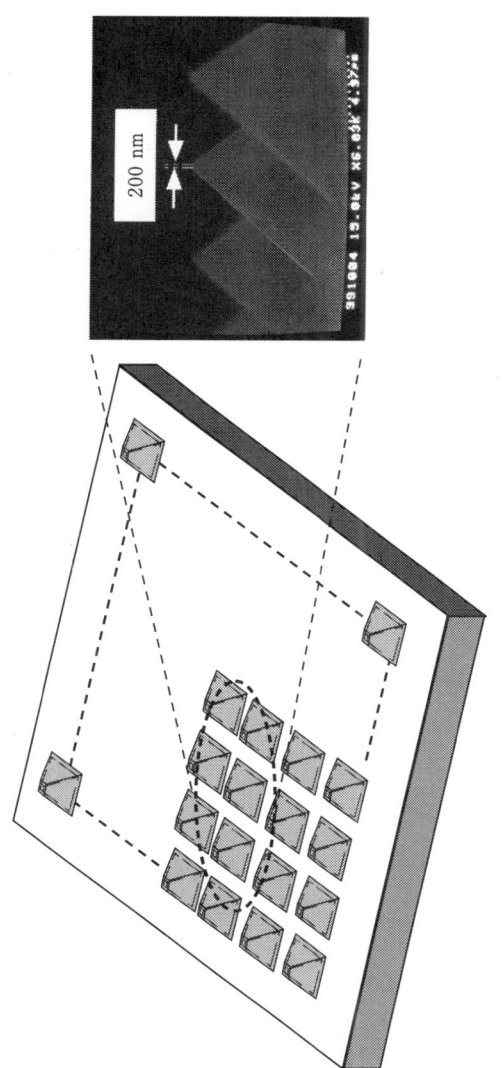

5・4 光メモリの実用化への挑戦　　　107

図 5・7　シリコン結晶の板を加工して作られた多数の突起（東京工業大学大学院　八井崇氏による）

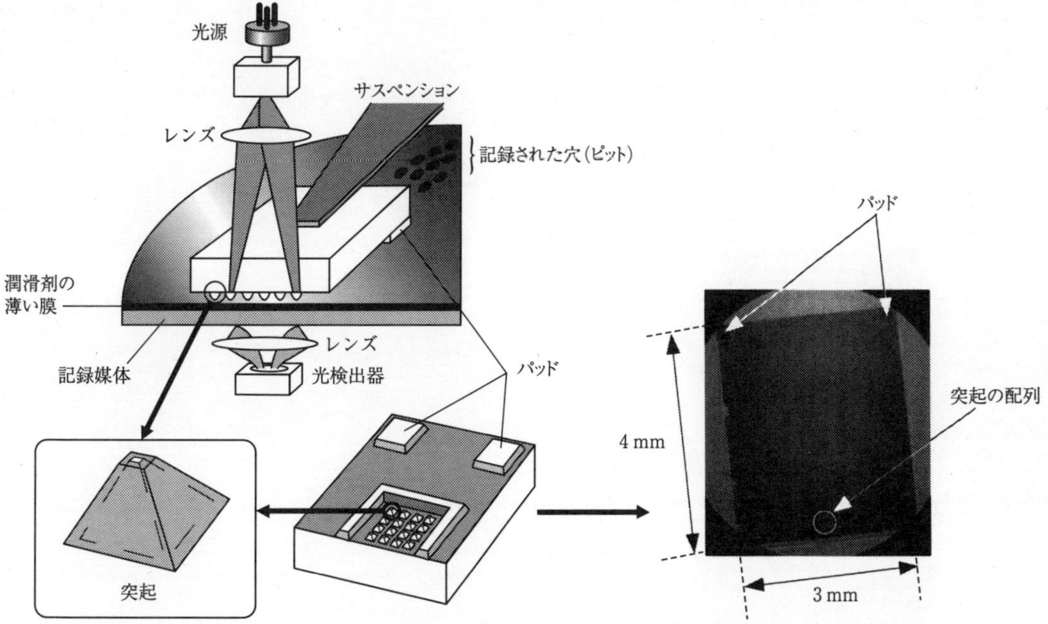

108　第5章　加工する

図 5・8　多数の突起とパッドが同時に作られたシリコン結晶の板を滑らせて記録、再生する原理
（東京工業大学大学院　八井崇氏による）

5・4 光メモリの実用化への挑戦

の上に多数並べて作ることができるということです.それら全体に光をあてると,光ナノ粒子が多数発生し,それら全てを使うと,同時に並列記録,再生ができるのです.従って,たとえば再生の場合,板全体を毎秒2.5 mの速度で滑らせる必要はありません.必要な速度は,これを突起の数で割った値です.仮に碁盤の目のように縦横10個ずつ,合計100個の突起または穴があれば,その速度は毎秒わずか2.5 cmでよいということになります.これら多数の突起または穴を作ることは,現在の半導体加工技術で可能となりつつあります.第二の利点は,すでに一般論として知られていることですが,碁盤の目のように並んだ多数の突起または穴が走る際には若干の横揺れがあっても,全てのピットを間違いなく再生できるということです[*].図5・7の記録再生ヘッドは,この原理がまさに当てはまる形をしていますから,実際に記録媒体上を滑らせるときには有利です.

同様の試みとして,東海大学の後藤顕也教授のグループは図5・7の代わりに面発光レーザーと呼ばれる小さな半導体レーザーを結晶の板の上に碁盤の目のように多数作り,各々の面発光レーザーの表面に小さな穴を開けて,面発光レーザーから出てくる光が,穴の上で光ナノ粒子になるような記録再生ヘッドを開発中です.この場合には,図5・7の突起にあてる光を発生する光源である面発光レーザーが,すでに記録再生ヘッドと一体化していますので,装置が小型になるなど,多くの利点をもっています.

---

[*] この証明は数式を使うので,複雑ですから省略します.

もう1つの興味深い方法として，スーパーレンズ（Super-RENS：Super-REsolution Near-field Structure）と呼ばれている技術を紹介しましょう．これは，今までとは異なる光ナノ粒子の発生方法を使っています．つまり，記録媒体の面の上に特殊な膜をつけ，その上からレーザーの光をあてます．すると，レーザー光ビームの断面の中心部分，つまり光のパワーが最も高い部分によって，この特殊な膜が透明になります．つまり光ビームによって，小さな穴が自然に開いたことになります*．その穴から光ナノ粒子が発生しますので，その下にある記録媒体を使って記録，再生することができます．これは，記録媒体表面のごく近くを動き回る部品は使わない，という思い切った方法なので，従来の光メモリと同様の方法で，記録媒体を速く回転させることができます．すでに**図 5・9** に示すような，実用的な光メモリの形をした円

図 5・9 スーパーレンズ方式による光メモリ（独立行政法人　産業技術総合研究所　藤寛氏のご厚意による）

---

* これは，この膜のもっている非線形光学応答性という性質を使っています．

盤状の記録媒体も作られており，近い将来の実用化が期待されています．

------- 話の小さな粒 IX -------

レンズは "RENS"？

　スーパーレンズの方法は，独立行政法人 産業技術総合研究所で開発されたものですが，その英語のつづりは上記のように Super-RENS です．レンズのつづりは Lens なので，RENS というのは誤植ではないですか，とよくきかれるそうですが，これで正しいのです．日本人は R と L の発音の区別が不得意であることとも関連して，ユーモアのある名前ですね．

　なお，この研究グループは，光ナノ粒子を利用した光メモリを開発するために世界で初めてできた研究機関で，多数の企業との協力で，とても活発に開発を進めています．光メモリについては大学などで原理確認が終わった現在，実用時期を見据えてこのような研究所と産業界とが協力し，短期間に効率よく開発すること，さらにその次は，産業界自身が頑張って大きな市場を開拓することが必要でしょう．この点について，我が国では諸外国に先だって活発に研究していますので，将来の発展が楽しみです．

　さて，最後に ③，④ について簡単に触れましょう．まず ③ については，従来の記録媒体用材料を使ったとき，25 nm 程度の小さな寸法のピットが作れるのかどうかが問題となります．たとえば，この材料が微粒子から構成される場合，各微粒子の大きさが 25

nm 以下でなければなりません．このような材料を探したり，開発することが今後必要となります．また記録媒体は，むき出しのままでは使っているうちに性能が劣化しますので，それを保護する膜を上に塗る必要があります．しかしその膜が厚すぎると，その表面を照らす光ナノ粒子が記録媒体まで届きません．従って，薄くかつ十分に丈夫な膜を開発し，それを記録媒体にしっかりつける技術が必要となります．このように，材料技術の進歩が要求されます．

　最後に ④ ですが，これはむしろ開発すべき光メモリの形態を左右する重要な要素です．たとえば，図書館が所蔵する本の内容を記録した光メモリであれば，利用者は再生することだけに使うので，消去したり，再び記録したりする必要はありません．しかし，個人の健康状態を記録した光メモリであれば，定期的に消去，再記録する必要があります．ただし，ここで目指している光メモリは今までの DVD などに比べ，その記録情報の量がとても大きく，たとえば人間1人が眼や耳を通して1日の間に受け入れる全情報を1枚の円盤に記録することも可能と言われています．そのような大容量の光メモリを十分に効率よく活用する方法は，まだほとんど議論されていません．単に図書館の本，健康データを記録する以外に，たとえば超小型メモリを作って携帯電話の中に入れ，各個人が自由にどこへでも持ち歩くなど，今までにはない全く新しい使い方があると思います．そのような使い方を考案し，そしてそれを実現するための光メモリ装置を設計し，作ることが必要となるでしょう．

5・4 光メモリの実用化への挑戦

最後に,図5・7の記録再生ヘッドを用いた記録再生の実験結果の例をご披露しましょう.この突起はシリコン結晶の板の上に縦横10個ずつ,合計100個作られているので,シリコン結晶の板全体を毎秒2.5 cmで滑るように走らせればよいようになっています.相変化材料と呼ばれる記録媒体の上に潤滑剤を薄く塗り,その上を滑らせます.その結果,この記録再生ヘッドは記録媒体表面の上,約5 nmをとても静かに滑りました.実際には欲張って,その約17倍の速度,つまり毎秒43 cmで滑らせて記録し,その後再生しました.この結果を図5・10に示します.この図では比較のために,普通の光での記録再生結果も記してあります.普通の光では,回折限界のために記録寸法(つまり,ピットの寸法)が小さくなると再生の際の測定感度が急激に落ちるのに対し,本方法

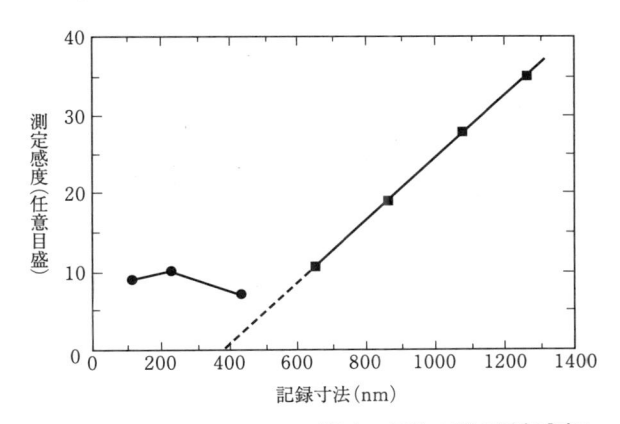

図 5・10 記録されたピットの寸法と,再生の際の測定感度との関係(東京工業大学大学院 八井崇氏による).● は光ナノ粒子による結果.■ は普通の光による結果.回折のため,測定感度はピットの寸法が小さくなるにつれて,どんどん減少します

では記録寸法が 100 nm 以下になっても再生精度が減少しないことが特徴です．この図から，本方法により 25 nm の記録寸法の記録再生が可能であろうとの見通しが得られました．今後の進展が期待されています．

参考になる文献

図 5・3 のパターンの作製についての詳細は

大津元一：ナノ・フォトニクス ― 近接場光で光技術のデッドロックを乗り越える ―（米田出版，1999），p. 105.

にあります．

第6章 原子を操作する

6・1 操作のしくみ

　第5章では，光集積回路や光メモリへの応用について説明しましたが，これは光ナノ粒子が"技術"の進歩へ貢献する一例を示すものです．本章ではもう1つの貢献の例，つまり"科学"の進歩への貢献について紹介しましょう．今までは光ナノ粒子の発生，測定，応用にかかわる微粒子の寸法は数 nm でした．しかし，さらに進歩すると，その寸法はしだいに小さくなっていくでしょう．まず目安として 1 nm より 1 桁小さな寸法，つまり 1 オングストローム (1 Å) を目指しましょう．これは原子の寸法と同程度です．ということは，光ナノ粒子で原子を操作することができないかという期待が生まれます．

　原子の操作として，真空容器に希薄な気体を入れ，真空容器内を飛び回る気体中の原子を光ナノ粒子で捕まえたり，その飛行方向を変えたりすることを考えてみます．気体中の原子は，温度に比例した運動エネルギーをもち，他の原子，分子，塵，真空容器の壁などと衝突しない限り，まっすぐに飛びます．その速度は，室温では毎秒 300 m 程度です．また真空容器内の気体の圧力が 1 気圧の 1000 万分の 1 以下であれば，原子は少なくとも 1 m 飛ぶ間に他の原子，分子，塵などとは衝突しません．このような原子

116　第6章　原子を操作する

の熱運動を，光ナノ粒子で操作しようということです．

そのしくみを**図 6・1** に示します．より正確には，原子の振る舞いを記述する量子論の知識が必要ですが，ここでは必要最低限の説明をするために古典的なモデルを使います．原子が光の中に入

光の電場の方向

(a) $\nu < \nu_0$ の場合

$\nu < \nu_0$

物質

引力

電気双極子の方向

原子

$\nu > \nu_0$

斥力

電気双極子の方向

(b) $\nu > \nu_0$ の場合

光の薄い膜
（近接場光）

光のエネルギー

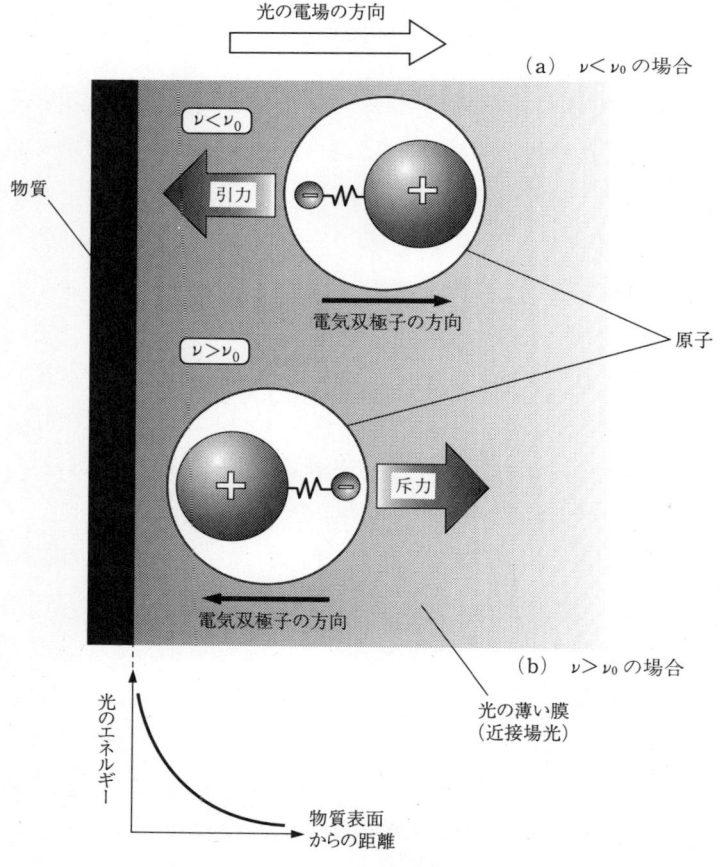

物質表面からの距離

図 6・1 光ナノ粒子の双極子力の方向

6・1 操作のしくみ

ると,電気双極子が作られることは2・2節で述べたとおりです.光の電場は,電荷に与えるクーロン力の大きさと方向とを表すのでベクトルで表示されますが,同様に双極子の方向もベクトルで表示されます.その矢印の方向は,負の電荷の位置から正の電荷の位置に向かうように書きます.光は周波数 ν で振動しているので,この電気双極子も同じ周波数 ν で振動します.なお原子は,その構造によって決まる固有の振動周波数(これは共鳴周波数と呼ばれています)ν_0 をもっており,$\nu = \nu_0$ の場合,電気双極子の振動の振幅は最大になります.$\nu \neq \nu_0$ の場合でも,2つの周波数が著しく異なっていない限り,電気双極子は光の振動に従い周波数 ν で振動します.そのずれの絶対値 $|\nu - \nu_0|$ は,ν の 10 万分の 1 程度以内であればよいのです.これは小さな値ですが,調節可能です.

ところで,このように光の電場によって発生した電気双極子は,さらにこの電場によって力を受けます.その力は双極子力と呼ばれていますが,その方向は ν と ν_0 との大小関係によって決まります.$\nu < \nu_0$ の場合,各時刻において電気双極子の方向を表すベクトルは光の電場のベクトルに対し,図6・1(a) のように同じ向きになり,双極子力は,光のエネルギーの高い方向に原子を動かすようなものとなります.一方 $\nu > \nu_0$ の場合,各時刻において電気双極子の方向を表すベクトルは光の電場のベクトルに対し,図6・1(b) のように逆向きになります.この場合には,原子は双極子力を受けて,光のエネルギーの低い方向に動きます.

以上は,普通の光と原子との相互作用についての説明ですが,

原子が光ナノ粒子の中に入ったときも，双極子力は同じように発生します．ここで光ナノ粒子のエネルギーは，それを発生する微粒子表面に近いほど高いことは，すでに第2章で説明しました．ということは $\nu < \nu_0$ の場合，光ナノ粒子中では，原子は双極子力によって微粒子表面に向かう引力を受け，$\nu > \nu_0$ の場合に，微粒子表面から遠ざかる斥力を受けることを意味します．従って ν と ν_0 との大小関係を調節することにより，光ナノ粒子の中に飛び込んできた原子を，その中心の微粒子表面に引きつけたり，跳ね飛ばしたりすることができるのです．ν_0 の値は原子の構造によって決まっていますから，ν と ν_0 の大小関係を調整するには，レーザーの光の周波数を精密に調節すればよいのです．現在のレーザー技術では，この精度調節は十分に可能となっています．

6・2 原子を導くトンネル

原子の運動の方向は，光の双極子力を使って操作できますから，すぐ思いつくのは，照明モードのファイバプローブの先端に光ナノ粒子を発生させ，それで原子を引きつけたり，跳ね飛ばしたりすることです．ただし原子を，小さな光ナノ粒子の中に飛び込ませることは決して容易ではありません．空気中を飛んでいる蠅を手で捕まえるのは簡単ではありませんが，これよりもずっと難しいのです．

そこで，このような難しいことをする前に，手始めの実験が試みられました．**図6・2**は，その方法を説明しています．ここではファイバプローブではなく中空ファイバ，いわば ちくわ型 のフ

6・2 原子を導くトンネル　　119

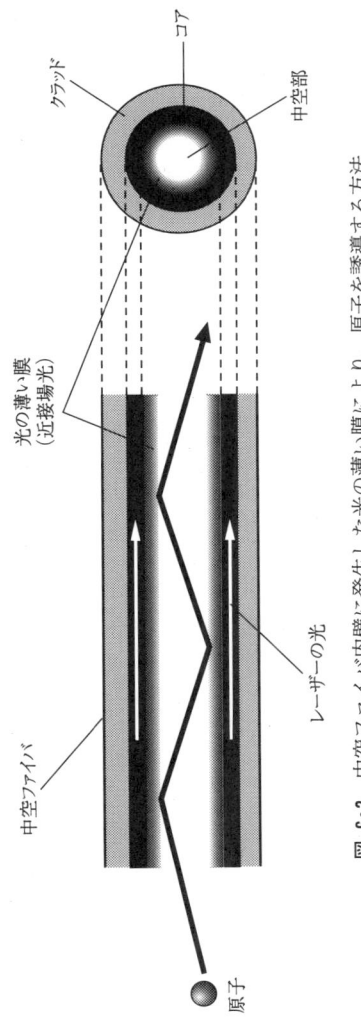

図 6・2 中空ファイバ内壁に発生した光の薄い膜により，原子を誘導する方法

（図中ラベル：コア，クラッド，中空部，光の薄い膜（近接場光），レーザーの光，中空ファイバ，原子）

ァイバを使っています。このファイバの断面を見ると，中心部分は空洞になっています。そのまわりにドーナツ状のコアがあります。コアの外側はクラッドです。つまり普通のファイバと比べると，これはコアの中心部分に穴が開いている形をしています。

さて，このドーナツ型の断面をもつ中空ファイバの端面からレーザーの光ビームを入れると，光はコアの中を進みます。そのときコアの内壁の表面，つまり中空部分に，円筒状に光の薄い膜がしみ出します（これは照明モードのファイバプローブの先端に生じる光ナノ粒子と同様ですが，この場合は"粒子"というより，光の"薄い膜"という方が適切でしょう）。この中空ファイバを真空中に置き，その端面から中空部分に原子を飛び込ませます。このとき前節の説明にならい，光の周波数を $\nu > \nu_0$ となるように調節しておくと，飛び込んだ原子はあたかもボールがクッションに跳ね返されるように，光の薄い膜による双極子力の斥力を受けます。この斥力により，原子はファイバの内壁面にぶつからずに飛びつづけます。このようにして原子をファイバ出口まで誘導し，外に飛び出させることができるはずです。

ただし，これを実現するのは必ずしも容易ではありません。まず，このような中空ファイバが作れるのでしょうか？　幸いなことに，第3章でも述べたように，日本のファイバ製造技術はとても優れています。ファイバ製造会社の技術者にお願いすると，何種類か作ってくれました。その内径は 300 nm, 1.4 μm, 2 μm, 7 μm などです。その断面を顕微鏡で観察すると，図 6・3 のように見事な ちくわ型 をしており，中心が空洞になっています。技術

6・2 原子を導くトンネル

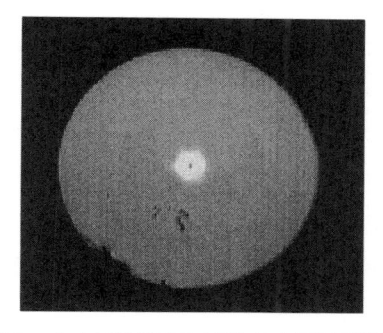

図 6・3 中空ファイバの断面写真（(財)神奈川科学技術アカデミー伊藤治彦博士による）．中心部の黒い点状の像が中空部を表します．そのまわりの白いドーナツ状の部分はコア，さらにその外側の灰色の部分はクラッドを表します．クラッドの外径は 125 μm

者にお話を伺うと，"このような ちくわ型 のファイバ以外にも，いろいろな断面をしたファイバを作ることができる．もしこれが大きな産業になるのなら，何本でも作ってやる"とのことでした．この話を聞き，日本のファイバ技術者の能力が非常に高いことをつくづく実感し，日本で研究をしていて本当によかったと思いました．外国では，このようなファイバは到底作れないのです．

さて，幸い中空ファイバはできましたが，それを使って原子を誘導する実験は必ずしも容易ではありません．たとえば，中空ファイバを真空容器の中に入れ，真空ポンプで容器内の空気を排気しても，ファイバの中空部に入っている空気まで抜き取ることはできるのでしょうか？ 中空部の直径はとても小さいので，難しそうに感じます．現に，そのことを心配する人もいました．しかし実際にはその心配は無用で，実験は成功しました．もちろん成

功したのは 4・1 節や 5・1 節と同じように，研究者が勇気を出して着手し，努力を重ね，真空容器内を高い真空に保つこと，レーザーからの光の周波数を精密に調節することなど，多くの困難を解決したからです．

━━━━━━━━━━━━━━━━━━ 話の小さな粒 X ━━━━

ボスの居ない間に活躍

　この実験の準備からほぼ 3 年を経て成功したのは，4・1 節の DNA の観測と同じように，お正月のシーズン中でした (1996 年)．このときも，やはり静かな実験室で注意深く実験を行うことができたからです．私は研究員の伊藤治彦博士 (現在は東京工業大学助教授) に実験を指示しておき，(無責任かつ気楽にも) 年末年始の短い休みをとり，家族とスキーを楽しんでいました．その間，伊藤博士は忍耐強く実験を繰り返し，ついに成功させたのです．私がスキーから帰宅すると，自宅に伊藤博士から実験の成功を知らせる短い FAX が届いていました．このビッグなお年玉を手にして私は大変幸せに感じたのですが，同時に"有能な研究者はボスの不在中に研究を成功させる"という有名な言い伝えは本当だったということも実感し，感慨深かったものです．これからも，お正月には毎年安心してスキーにでかけることにしましょう．

━━━━━━━━━━━━━━━━━━━━━━━━━━━━━━

　実験にはルビジウム Rb という原子を使いました．これは室温では，水銀のように液体状です．少し温度を上げると，蒸発して原子が飛び出しますから，真空中でこの原子を飛ばすのは割と簡単です．さらによいことは，この原子の共鳴周波数 ν_0 に近い周波

数 ν をもつ光は,ガリウムヒ素 GaAs という半導体で作られた半導体レーザーから得られることです.この半導体レーザーは第5章で説明した CD などの光メモリに頻繁に使われているもので,それを作る技術は日本の産業界が非常に得意としており,かつそれは安価に市販されています.つまりここでも,日本の光技術の優秀さに助けられたのです.

実験結果を**図 6・4** に示してあります.この図の横軸は中空ファイバのコアに入れるレーザー光のパワー,縦軸は誘導されて中空ファイバ出口に出てきたルビジウム原子の数です.使った中空ファイバの内径は 300 nm,長さは 3 cm です.この図によると,レーザー光のパワーが小さいと,原子は出口まで誘導されていない

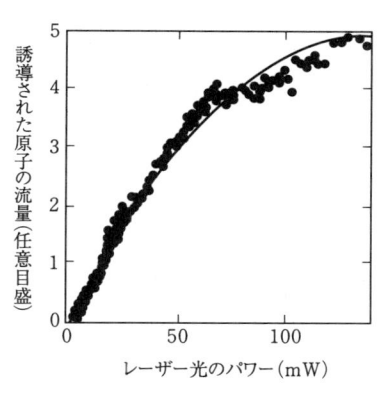

(a) レーザー光のパワーと,誘導された原子の数との関係

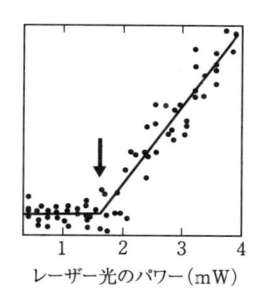

(b) (a) の原点付近の拡大図.矢印の位置で誘導が始まります

図 6・4 Rb 原子の誘導の実験結果((財)神奈川科学技術アカデミー伊藤治彦博士による).(a),(b) とも黒丸は実験結果を,実線は計算値を表します

ことがわかります．それは光の膜の双極子力が弱すぎ，原子は光の膜を突き抜けて内壁面に達し，その表面の吸着力により内壁に吸着されてしまうからです．しかしレーザー光パワーが約 1.5 mW 以上になると（この値は，光メモリの CD に使われている光源の数分の 1 です），双極子力が吸着力を上回り，原子は出口まで誘導されるようになります．その後はレーザー光パワーの増加とともに誘導される原子数は増加し，ついには入口から中空ファイバに飛び込んだ原子は，全て出口まで出ていくようになります．

―― 話の小さな粒 XI ――

長さ 300 m の管の中を通り抜ける

ここで"使ったファイバの長さが 3 cm"と言うと，とても短いように思うかもしれませんが，原子にとってみると気の遠くなるような長さです．そのことを実感してもらうために，内径と長さを各々 1 万倍してみましょう．すると各々 3 mm，300 m になります．このような細長い管の中に小さな微粒子を投げ込んだとき，それは出口まで届くでしょうか．実際には内壁にぶつかり，途中で（というより，入口付近で）止まってしまうでしょう．しかし中空ファイバでは，その内壁に光の膜のクッションがあるので，原子は出口まで出ていくのです．

6・3 広がる応用

この原子の誘導の実験が成功すると，これをいろいろなことに応用できます．それは科学的な応用と技術的な応用とに分かれま

6・3 広がる応用

す.まず,科学的な応用について述べましょう.図6・4(b)で,レーザー光パワーを増加させると,原子が誘導され始める境目があります(図中の矢印の位置です).これは,光の双極子力と中空ファイバ内壁の吸着力がちょうど等しくなるところです.従ってこの境目でのレーザー光パワーの値から,中空ファイバ内壁の吸着力の大きさがわかるのです.吸着力の大きさを求めるには,量子電気力学と呼ばれる理論を使う必要がありますが,それまでガラス表面で,かつそれが曲面になっている場合には計算が複雑になり,この値は導出されていませんでした.しかしこの実験により,その値を推定する方法が実現したのです.いわば実験が理論に先行したことになります.なお,ここで用いた中空ファイバのような,小さな表面での光の双極子力(さらには表面の吸着力も)の振る舞いの詳細は十分にはわかっていません.この実験は,そのような小さな領域での,光と原子との相互作用を研究する道具として使えるのです.

一方,技術的な応用として,たとえば中空ファイバ中を誘導され,出口から飛び出した原子を結晶基板の上に落とし,堆積させて小さな物質を作っていくことも可能です.これは5・1節の堆積方法から,さらに進んだ微小物質の製造技術と言えるでしょう.さらに中空ファイバから飛び出した原子を,**図6・5**に示すように,照明モードのファイバプローブ先端の光ナノ粒子に向って飛び込ませることもよいアイデアです.そして飛び込んだ原子を双極子力によって光ナノ粒子表面の光の膜の中に閉じ込め,その後で原子を結晶基板の上に落とし,堆積することもできそうです.実際

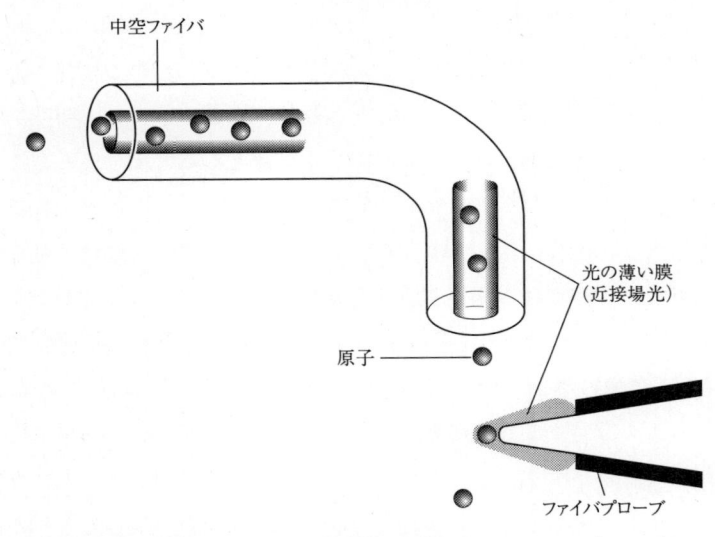

図 6・5 中空ファイバから飛び出した原子を，ファイバプローブ先端の光ナノ粒子で捕まえるアイデア

にこのような方法で堆積させ，小さな物質を作っていく実験が始まっています．これにより小さいだけでなく，従来にはない，新しい種類の物質も作れるかもしれません．

なお，上記の中空ファイバの場合にも説明しましたが，ファイバプローブ先端の小さな光ナノ粒子の中で双極子力が，さらにはファイバプローブ表面の吸着力がどのような振る舞いをするのか，その詳細はわかっておりません．今後の研究の発展が，この振る舞いを解明することになると思います．この解明は原子を操作する実験を，科学に応用する話につながります．これらの力の解明のためには，光ナノ粒子の中に飛び込んだ原子を捕まえるだけでなく，双極子力を斥力として使って，原子を跳ね返す実験も

6・3 広がる応用

重要です。2・3節で説明したように、発生した光ナノ粒子を測定する際、プローブによって光ナノ粒子表面の光の膜を破壊する必要がありますが、もしプローブが非常に小さければ、その破壊の程度は無視できます。そのようなプローブとして、跳ね返される原子が使えるかもしれないのです。つまり、光ナノ粒子表面の光の膜によって跳ね返された原子が飛んでいく方向などを測定すれば、この光の膜をほとんど壊さずに、その性質を調べることができるのです。これは、光の膜の中に閉じ込められた原子の動きなどを調べても可能でしょう。つまり、原子を"光ナノ粒子を調べるための微小なプローブ"として使うのです。このようにして、いろいろな現象を調べることができるようになるでしょう。

第7章　将来の夢
― あとがきにかえて ―

　飛行機が発明されると，船舶に頼っていたそれまでの輸送手段が激変しました．一方トランジスタが発明されると，それまでの真空管による電子回路が駆逐されました．さらにレーザーの発明により，光の科学技術が激変しています．以上のように，科学技術の基礎となる枠組み*が何らかのきっかけにより変化することをパラダイム・シフトと言いますが，今回ここに，光ナノ粒子が出現したことにより，回折限界の枠組みの中でのみ使われていた光科学技術のパラダイム・シフトが実現したのです．

　これが実現したのは，光ナノ粒子を作り，測定するためのファイバプローブを作ることができたからです．この結果，特に第5章で説明したように，光ナノ粒子が新しい小さな物質を作ることになりました．さらに第6章では，その小さな物質は原子に及びました．このように考えると，光ナノ粒子を作り，使うことは絶えず小さな物質を作ることに結びついています．そこで今後，本書で説明した科学技術の分野を一層発展させるためには，小さな物質を加工し，作る技術がますます重要になります．作り方は必ず

　＊　英語ではパラダイム（paradigm）と呼ばれています．

第7章 将来の夢

しも光ナノ粒子によるとは限らず,いろいろな方法があると思います.しかし,ファイバプローブに代わる新しいプローブをはじめ,作らなくてはならないものもいろいろあります.

最近のノーベル物理学賞・化学賞・生理学医学賞などでは,たとえば微小な生物試料の特定の位置に電極の針を刺す技術をもっている人が,試料中を流れる小さな電流を測り,他の人には取得不可能な貴重なデータを得ることのできたことが受賞の決め手となったものがあります.このように最近の科学は,技術の助けを借りざるを得なくなってきているのです.それだけ科学も技術も高度化しているのでしょう.今後は,このような技術の助けはますます必要になるでしょう.光ナノ粒子を助ける技術は小さなものを加工し,作ることであり,これらの技術の発展にかかっています.

光ナノ粒子の応用として,本書では生物,医学関係の例はほとんど紹介しませんでした.唯一,第4章で顕微鏡としての例を示しただけです.しかし実際には,顕微鏡によって見ることだけではなく,小さな生物試料の動きを制御したり,これらの試料を切開することなども可能になるかもしれません.実際に,このような実験への挑戦が始まっています.一方,第5章の光メモリではその記録密度が高くなると,人間が1日の間に取り入れる全知識と同等の情報量を扱えるかもしれないと指摘しました.ということは,この光メモリは人工的な脳にも匹敵するようになります.そうすると,光メモリと脳とのつながりの研究にも発展しそうです.このようにして光ナノ粒子は生物,医学,バイオテクノロジ

ーとも連携し，情報工学，電子工学，光学，原子物理学にまたがる新しい分野（それは"ナノフォトニクス"という新しい名前でも呼ばれています）を開拓します．それが取り扱う分野は図7・1に示すように，従来のエレクトロニクス，光技術が扱っていた分野のほとんどをカバーすると考えられています．

なお，このような技術の発展のためには，その基礎となる理論も開拓していく必要があります．本書では，光ナノ粒子の発生と測定には電気双極子，電気力線など，光学や電磁気学の用語を使った説明を行いましたが，さらに進んで考えると，光ナノ粒子の測定は，球Sと球Pとの間の光子のトンネル効果と考えることもできます．これは我が国のノーベル物理学賞受賞者・江崎玲於奈博士の研究で知られる，電子のトンネル効果とよく似ています．さらに47ページ②でも述べましたが，大きな（すなわち，マクロな）系の中にある小さな（ミクロな）光ナノ粒子の振る舞いは，

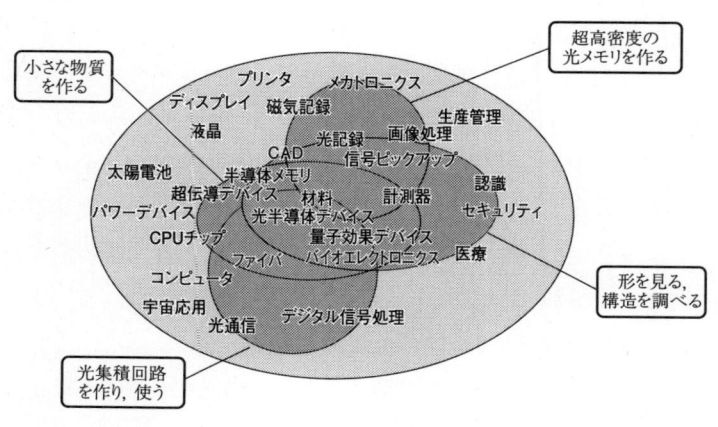

図 7・1 光ナノ粒子が拓く，新しい技術がカバーする分野

やはり我が国のノーベル物理学賞受賞者・湯川秀樹博士の研究で知られる中間子の振る舞いを記述する式，すなわち湯川関数で記述できるということもわかってきています．中間子は陽子と中性子とを結びつけていますが，これは2・3節で説明したように，2つの球の間に独特の結合状態を作っている光の膜とよく似ています．このように考えると，光ナノ粒子の振る舞いは，もっと見通しのよい新しい理論で記述できるはずだということがわかります．そのヒントを与えているのが江崎，湯川博士という，日本の優れた先達の研究成果であることは非常に心強いことです．一方5・1節で述べたCVDや，6・2節で述べた原子の誘導の実験では，光ナノ粒子と微小物質や原子，さらには基板表面との相互作用の詳細について，まだわかっていないことが多くあります．今後，これらの問題点も順を追って解明されていかなければなりません．

　さて今後，本書で説明したような光ナノ粒子の科学技術が発展すると，扱う物質の寸法がどんどん小さくなっていくでしょう．ところで，寸法を表す単位を**表7・1**にまとめてみました．この表では1mの1000分の1から1兆分の1までの寸法のみを考え，それより大きい場合と小さい場合についての単位は省略しました．たとえば英語では100万分の1は"マイクロ"（micro．μと書きます）と呼ばれています．1mの100万分の1は1 μmで，これは光の波長程度の値，つまり回折限界の値ですから，この程度の寸法の小さな物質を観察することのできる顕微鏡を，英語で"マイクロスコープ"（microscope）と呼ぶのはもっともですね

表 7・1 寸法とその英語名，漢字名，および顕微鏡の英語名と漢字名

	顕微鏡の英語名	単位の英語名	べき数	単位の漢字	顕微鏡の漢字名
従来の光技術		⋮ ⋮ mili ⋮ ⋮	⋮ ⋮ 10^{-3} 10^{-4} 10^{-5}	⋮ ⋮ 毛 糸 忽	
	microscope	micro	10^{-6}	微	顕微鏡
(回折限界)					
光ナノ粒子による技術	nanoscope	⋮ ⋮ nano	10^{-7} 10^{-8} 10^{-9}	繊 沙 塵	顕塵針
			10^{-10} ⋮	埃 渺	
	picoscope	pico	10^{-11} 10^{-12}	漠	顕漠？
		⋮ ⋮	⋮ ⋮	⋮ ⋮	

("スコープ"(scope)とは"視野"などの意味をもっています)．一方，寸法の単位は漢字にもあります．それらはこの表にも書かれています．おもしろいのは，英語では3桁ごとに単位名がつけられているのに対し，漢字では1桁ごとに名前があることです．この漢字によると100万分の1は"微"です．だから"マイクロスコープ"のことを"顕微鏡"というのです．"顕"は"見る"ことを意味し，"鏡"は，特に中国語では"レンズ"のことも意味するとのことですから，これもきわめてもっともな命名です．

さて，これらの顕微鏡とは違い，本書で説明した近接場光学顕微鏡は光ナノ粒子を使ったもので，それが見える最小寸法は1 nm

第7章 将来の夢

程度に達しています（第4章のDNAの像を思い出してください）. 1 nmは1 mの10億分の1ですから，このような顕微鏡を先ほどの英語流に名付けると"ナノスコープ"（nanoscope）ということになるでしょうか（実は"ナノスコープ"という名前の，近接場光学顕微鏡とは別の種類の顕微鏡が市販されていますが）. 一方，10億分の1は，漢字では"塵"と名付けられており，また，このような小さな寸法のものを光ナノ粒子で見るにはレンズの代わりにファイバプローブのような"針"を使う必要があるので，ナノスコープの漢字名は"顕塵針"ということになるのでしょうか．

以上のように，光ナノ粒子によるパラダイム・シフトにより，顕微鏡が見ることのできる寸法は1 mの100万分の1から10億分の1へと3桁小さくなりました．引き続き光科学技術が進歩し，さらに3桁小さくなると，1 mの1兆分の1に達するので，顕微鏡の英語名は"ピコスコープ"（picoscope）ということになるでしょう．それならば，漢字ではどうでしょうか．1兆分の1は"漠"なので"顕漠？"ということになりましょうか．ここで私は，読者の皆さんのために第3の漢字を"？"としておきました．なぜなら，このような小さな物を観察したり，加工したり，操作したりするのは，もはやファイバプローブではなさそうだからです．それを発明することが"ピコ"（pico）を測り，さらには加工などに応用する秘訣ですし，その発明品の名前が第3の漢字になります．これは読者の皆さんのうちの，誰かが発明してくれるかもしれませんね．

参考になる文献

表 7・1 に示した単位の漢字名の詳細は，江戸時代の和算家の手になる書

　　吉田光由：塵劫記（岩波書店，1977），p. 15.

にあります．

もっと知りたい人のために

本書と同様の内容を扱った解説書として

[1] 大津元一：ナノ・フォトニクス ― 近接場光で光技術の
デッドロックを乗り越える ―（米田出版，1999）．

があります．

また，英語で書かれた専門書としては

[2] M. Ohtsu, Near-Field Nano/Atom Optics and Technology, Springer-Verlag, Berlin/New York/Tokyo, 1998.

[3] M. Ohtsu and H. Hori, Near-Field Nano-Optics, Kluwer Academic/Plenum Publishers, New York, 1999.

があります．

索　引

ア

アトム　30
アモルファス　54

イ

色　1

エ

エバネッセント光　33

オ

オングストローム　115

カ

回折　9
回折限界　12
化学気相堆積　89
可視光　2

キ

ギガ　14

共鳴周波数　117
近視野光学　65
近接場光　20
近接場光学　65
近接場光学顕微鏡　41, 57

ク

クーロン力　24
クラッド　52

ケ

顕塵針　133

コ

コア　52
光子　3

サ

散乱　20
散乱光1　20
散乱光2　38

シ

ジエチル亜鉛　89
磁気光学材料　100
軸索　63
自己組織化　69
周期　3
集光モード　45
集積回路　14
周波数　2
照明・集光モード　75
照明モード　45

ス

スーパーレンズ　110
スペクトル　77

セ

全反射　31

ソ

双極子力　117
相変化材料　113

タ

堆積　88

チ

中空ファイバ　118

テ

テラ　3
電荷　24
電気双極子　24
電気力線　27
電子顕微鏡　57
電磁場　23
電場　24

ト

トンネル効果　130

ナ

ナノ　1
ナノスコープ　133
ナノテクノロジー　48
ナノフォトニクス　130

ハ

波長　1
発光スペクトル　77
波動説　6
パラダイム・シフト　128

ヒ

光解離 89
光集積回路 15, 96
光ナノ粒子 20
光の薄い膜 20
光のエネルギー 4
光の吸収 8, 67
光の時代 9
光の速度 3
光の小さな粒 20
光の発生 8, 67
光のパワー 37
光メモリ 13, 99
ピコスコープ 133
ビッグバン 1
ビット 13, 99
ピット 99

フ

ファイバプローブ 40
フィット 6
フォトクロミック材料 102
フォトニクス 67
フォトン 3
プランクの定数 3
分解能 43
分光分析 67

ヘ

鞭毛 60

マ

マイクロスコープ 131
マイクロチューブリン 63

メ

メガ 105
メゾスコピック 30, 39
面発光レーザー 109

モ

モデルの階層性 30

ユ

湯川関数 131

ラ

ラマン効果 82, 83
ラマン分光分析 82

リ

粒子説 6
量子 4

量子電気力学　125
量子ドット　68
量子論　3
臨界角　31

ル

ルビジウム　122

レ

レーザー　8

欧　文

CVD　89
DNA　58
SK モード　70
VAD 法　51

著者略歴

大
おお
津
つ
元
もと
一
いち

1978年　東京工業大学大学院理工学研究科電子物理工学専攻博士後期課程修了
1991年　東京工業大学教授，現在に至る
また
1998～現在　科学技術振興事業団　創造科学技術推進事業「局在フォトン」プロジェクト統括責任者兼任

主な著書　「現代光科学Ⅰ，Ⅱ」（朝倉書店，1994），「入門　レーザー」（裳華房，1997），「Near-Field Nano/Atom Optics and Technology」(Springer-Verlag, 1998)，「光科学への招待」（朝倉書店，1999），「Near-Field Nano-Optics」(Plenum, 1999)，「ナノ・フォトニクス」（米田出版，1999），「量子エレクトロニクスの基礎」（裳華房，1999）

ポピュラー・サイエンス239

光の小さな粒 ― 新世紀を照らす近接場光 ―

2001年11月20日　第1版発行

検印省略

定価はカバーに表示してあります．

著作者　　大　津　元　一
発行者　　吉　野　達　治
　　　　　東京都千代田区四番町8番地
　　　　　電　話　東　京　3262-9166（代）
発行所　　郵便番号　102-0081
　　　　　株式会社　裳　華　房
印刷所　　中央印刷株式会社
製本所　　牧製本印刷株式会社

社団法人
自然科学書協会会員

R　〈日本複写権センター委託出版物〉
本書の全部または一部を無断で複写複製（コピー）することは，著作権法上での例外を除き，禁じられています．くわしくは日本複写権センター（☎ 03-3401-2382）にご相談ください．

ISBN 4-7853-8739-4

ⓒ 大津元一，2001　　Printed in Japan

ポピュラーサイエンス

鉄の歴史と化学　田口　勇著　本体1300円

においの化学　長谷川香料編　本体1300円

いい伝えと化学　古橋昭子著　本体1300円

地の底のめぐみ ──黒鉱の化学──　鹿園直建著　本体1300円

家の中のダニ　森谷清樹著　本体1200円

洗たくの科学　花王生活文化研究所編　本体1400円

化学 話の泉 ──新聞紙上のトピックス──　宮田光男編　本体1300円

続・化学 話の泉 ──新聞紙上のトピックス──　宮田光男編　本体1400円

フグ毒のなぞを追って　清水　潮著　本体1200円

発酵食品への招待 ──食文明から新展開まで──　一島英治著　本体1300円

ビールのうまさをさぐる　キリンビール㈱編　本体1400円

ビタミンの話　草間正夫著　本体1300円

微量元素の世界　木村　優著　本体1400円

光のスピードに迫る ──粒子加速器の話──　冨家和雄著　本体1100円

金色の石に魅せられて ──新素材探究の旅──　佐藤勝昭著　本体1100円

化学が好きになる実験　宮田光男編　本体1100円

物質の質量から何がわかるか　田島・飛田著　本体1200円

火をつくる　小口正七著　本体1200円

色はどうして出るの　西本・綿谷著　本体1500円

活性剤の化学　井上・彦田著　本体1400円

ミステリーと化学　今村壽明著　本体1400円

化学雑話　林　良重編　本体1400円

カオス ──自然の乱れ方──　竹山協三著　本体1200円

がんはなぜできるか　武部　啓著　本体1100円

SFを化学する　山崎　昶著　本体1200円

分子のひもの謎を解く ──生体をつくる力──　美宅成樹著　本体1200円

お茶の科学　山西　貞著　本体1400円

稲のきた道　佐藤洋一郎著　本体1200円

錬金術の復活　曽根興三著　本体1300円

細胞培養から生命をさぐる　内海博司著　本体1200円

化学者ちょっといい話　山崎　昶著　本体1200円

西洋科学者こぼれ話　山崎　昶訳　本体1300円

ヘアケアの科学　花王生活文化研究所編　本体1300円

家庭で楽しむ理科遊び　宮田光男編　本体1300円

酸性雨と酸性霧　村野健太郎著　本体1400円

だからファジィが面白い　廣田　薫著　本体1200円

ピエゾセラミックス ──ハイテク時代の影の立役者──　藤島　啓著　本体1200円

ときめき化学実験　林　良重編　本体1100円

身の回りの光と色　加藤俊二著　本体1300円

切断の魔術　佐藤和郎著　本体1200円

書名	著者	本体価格
万葉集にみる食の文化 ─五穀・菜・塩・鳥獣・魚介─	一島英治著	1300円
万葉集にみる酒の文化 ─酒・鳥獣・魚介─	一島英治著	1300円
ダイヤモンドとガラス ─現代を演出する素材─	境野照雄著	1300円
スチールの科学	和田 要著	1300円
成人病の新しい治療薬	貴島静正著	1300円
虹の結晶	秋月瑞彦著	1400円
山の結晶 ─水晶の鉱物学─	秋月瑞彦著	1400円
やきものアラカルト（Ⅰ)・(Ⅱ)	長坂克巳編	各1300円
化学で勝負する生物たち（Ⅰ)・(Ⅱ)	今村壽明著	各1200円
脳と心の化学	大木幸介著	1400円
身のまわりの物理	兵藤申一著	1500円
オプティカルパワー	藤岡知夫著	1200円
オーディオ新時代	中島平太郎著	1300円
血液と健康	三浦恭定著	1300円
恐竜学のすすめ	金子隆一著	1200円
産業のバイオリズム	内田盛也著	1300円
光世紀世界への招待 ─近距離の恒星をさぐる─	石原藤夫著	1300円
科学の話いろいろ	八木和久編	1500円
ミステリーの中の化学物質	山崎 昶著	1300円
まぜこぜを科学する ─乱流・カオス・フラクタル─	高木隆司著	1100円
フォトンの謎 ─光科学の最前線─	水島宜彦著	1400円
地球を狙う危険な天体	小島卓雄著	1300円
人工生命の夢と悩み ─コンピュータの中の知能と行動の進化─	星野 力著	1200円
鍼灸への招待	高島・川俣著	1500円
院内感染を防ぐ	野口行雄著	1200円
お茶の間の心理学	佐久間悟郎著	1200円
味と匂いのよもやま話	高木雅行著	1300円
地球と人類は持続するか	高辻正基著	1200円
錆をめぐる話題	井上勝也著	1400円
がんの新しい治療薬（Ⅰ)・(Ⅱ)	貴島静正著	各1400円
アサガオ江戸の贈りもの ─夢から科学へ─	米田芳秋著	1500円
ショウジョウバエ物語	渡辺隆夫著	1400円
マリンバイオの未来	宮地・加藤著	1400円
続・理科らしくない理科	小出 力著	1300円
理科らしくない理科	小出 力著	1300円
化学 エコライフ知恵袋	宮田光男著	1400円
震災 エコライフ知恵袋	宮田光男著	1400円
化学結合と反応のしくみ	長谷川 正著	1400円
焼物の謎に迫る	黒田永二郎著	1300円
お菓子とおもちゃと化学	古橋昭子著	1500円
魚の世界	小嶋・高井著	1400円
ロケットの昨日・今日・明日 ─ミクロからマクロへ─	的川泰宣著	1400円

ポピュラーサイエンス

書名	著者	本体価格
ゴルフの物理	増田正美著	本体1500円
犯罪鑑識の科学	小沼弘義著	本体1200円
モノから学ぶ	今坂一郎著	本体1300円
健康美をつくる乳製品 ——ヨーグルト・チーズ——	雪印乳業健康生活研究所編	本体1400円
環境のなかの毒 ——アオコの毒とダイオキシン——	彼谷邦光著	本体1400円
光ファイバの話 ——マルチメディアで夢を送る——	稲田浩一著	本体1400円
巨大望遠鏡への道	吉田正太郎著	本体1300円
読み物 物理化学	小出 力著	本体1400円
分子人類学と日本人の起源	尾本惠市著	本体1400円
新しい健康読本 ——食事と運動のハーモニー——	三浦・斉田・橋本著	本体1500円
着ごこちと科学	原田隆司著	本体1400円
泡のおもしろ科学 ——バブルの名誉のために——	大澤敏彦著	本体1200円
続・新薬の話(Ⅰ)・(Ⅱ)	貴島静正著	本体各2000円
あぶら(油脂)の話	藤谷 健著	本体1500円
東京農工大学 博物館で生物を学ぼう	伊藤洋文著	本体1300円
視覚のメカニズム	前田章夫著	本体1400円
バーコードの秘密	小塚洋司著	本体1500円
キッチンで体験レオロジー	尾崎邦宏著	本体1400円
老人ボケは防げるか	中村・松山著	本体1300円
放射線ものがたり	森内和之著	本体1500円
地球温暖化とその影響 ——生態系・農業・人間社会——	内嶋善兵衛著	本体1500円
SF天文学入門(上)(下) (上)太陽系・星・ブラックホール (下)ダークマター・宇宙論・地球	福江 純著	本体1400円 本体1500円
日常生活の物質と化学	増井・嶋田著	本体1500円
ファクトとフィクション ——化学とSFとミステリー——	山崎 昶著	本体1400円
背に腹はかえられるか	石原勝敏著	本体1400円
飲酒の生理学	梅田悦生著	本体1500円
スキンケアの化学	服部道廣著	本体1500円
チョウと共に生きる	阿江 茂著	本体1500円
海の働きと海洋汚染	原島・切力著	本体1500円
酒造りの不思議	秋山裕一著	本体1400円
リチウムイオン二次電池の話	西 美緒著	本体1400円
宇宙のゴミ問題 ——スペース・デブリ——	八坂哲雄著	本体1400円
軌道エレベータ ——宇宙へ架ける橋——	石原・金子著	本体1500円
化学屋さんが落語を聞けば	古橋・山崎著	本体1400円
科学風土記	石川化学教育研究会編	本体1700円
脂肪酸と健康・生活・環境 ——DHAからローヤルゼリーまで——	彼谷邦光著	本体1500円
歯の健康管理術	森岡俊夫著	本体1500円
宇宙通信よもやま話	横井 寛著	本体1500円
切手でつづる化学物語	伊藤良一著	本体1700円

西国科学散歩（上）（下）
こうして始まった20世紀の物理学
西條敏美著 本体各1500円

ダイナミックな化学実験
――なぜを探し、ナゼに答える――
西尾成子著 本体1400円

化学が面白くなる実験
長谷川正編著 本体1500円

読み物 熱力学
宮田光男著 本体1600円

遺伝子を観る
小出 力著 本体1600円

太陽紫外線と健康
――なぜ太陽紫外線は有害なのか？――
菅原・野津著 本体1400円

インフルエンザと戦う
梅田悦生著 本体1400円

地上に星空を
――プラネタリウムの歴史と技術――
山岸秀夫著 本体1400円

X線でさぐるブラックホール
――X線天文学入門――
伊東昌市著 本体1500円

化粧品の科学
北本俊二著 本体1400円

磯焼けを海中林へ
――岩礁生態系の世界――
尾澤達也著 本体1500円

菜の花からのたより
――農業と品種改良と分子生物学と――
谷口和也著 本体1600円

ココヤシの恵み
――文化・栽培から製品まで――
日向康吉著 本体1500円

杉村・松井著 本体1500円

明るい暗号の話
――ネットワーク社会のセキュリティ技術――
今井秀樹著 本体1300円

母と子の化学ゼミナール
増井幸夫編 本体1400円

コラーゲンの秘密に迫る
――食品、化粧品からバイオマテリアルまで――
藤本大三郎著 本体1500円

希土類の話
鈴木康雄著 本体1600円

超ひも理論と宇宙
吉川圭二著 本体1400円

測れるもの測れないもの
高田誠二著 本体1500円

電子はめぐる
岸野正剛著 本体1500円

美しい声・美しい歌声
山崎 昶著 本体1400円

化学と歴史とミステリー
梅田・梅田著 本体1400円

「男らしさ」の心理学
――熟年離婚と少年犯罪の背景――
関 智子著 本体1400円

内視鏡テクノロジー
――光通信の舞台裏――
マルチメディア世代に向けて
藤本正友著 本体1300円

やってみよう・見てみよう 楽しい化学5分間実験
――狭い入口から深奥を探る――
諸隈 肇著 本体1500円

聖書の中の科学
新潟県化学を楽しむ会編 本体1400円

スーパーコンピュータ
中島路可著 本体1600円

機能性食品と健康
藤巻正生著 本体1600円

作って楽しむ理科遊び
宮田光男編 本体1500円

動きだした遺伝子医療
――差し迫った倫理的問題――
松田一郎著 本体1400円

学習する脳・記憶する脳
――メカニズムを探る――
磯 博行著 本体1500円

時計と人間
織田一朗著 本体1600円

深海に挑む
堀田 宏著 本体1600円

お茶はなぜ体によいのか
黒田・原著 本体1600円

遺伝子できまること、きまらぬこと
中込弥男著 本体1500円

糖尿病の本当のはなし
清野・鍵本著 本体1500円

あなたと私の触媒学
田中一範著 本体1500円

環境話の泉
宮田光男編著 本体1600円

つながりの科学
――パーコレーション――
小田垣孝著 本体1400円

山田 博著 本体1500円

ポピュラーサイエンス

- マンガ手作りの宇宙 ──身近な材料で宇宙を工作する── 横尾武夫編 本体1500円
- 不思議な銀河の物語 ──銀河は例外をつくらない── 谷口義明著 本体1500円
- 走りをささえる タイヤの秘密 酒井秀男著 本体1400円
- 遺伝 Q&A 中込弥男著 本体1600円
- したたかなウイルスたち 生田和良著 本体1500円
- 「街路樹」デザイン新時代 渡辺達三著 本体1600円
- 食中毒の科学 本田武司著 本体1500円
- 機密保持と化学 ひろがる高分子の世界 竹内・北野著 本体1400円
- どきどき化学なるほど実験 山崎昶著 本体1300円
- 百寿者の秘密 杉山剛英著 本体1600円

- 見せる!魅せる!!科学の実験 宮田光男編著 本体1600円
- アレルギーとアトピー 矢田純一著 本体1500円
- 薬用植物へのいざない 糸川秀治著 本体1500円
- 生化学をつくった人々 丸山工作著 本体1500円
- 家の中の化学あれこれ 増井・谷本著 本体1600円
- マグマ科学への招待 谷口宏充著 本体1700円
- 広域大気汚染 ──そのメカニズムから植物への影響まで── 若松・篠崎著 本体1600円
- 生れたての銀河をさがして 谷口義明著 本体1500円
- 光の小さな粒 ──21世紀を拓く近接場光── 大津元一著 本体1500円
- ヒトゲノムの光と影 佐伯洋子著 本体1500円
- 野生イネへの旅 森島啓子著 本体1500円
- 根粒菌との共生 ──大気の窒素を固定する微生物── 田内久著 本体1600円 遠藤真広著 本体1500円
- 医療最前線で活躍する物理 東四郎著 近刊

以下続刊

「遺伝」別冊13号	「発生・分化・再生」──幹細胞生物学から臓器再生まで──	本体2400円
「生物の科学 遺伝」	2001年1月号より偶数月年6回 隔月25日発売	本体1600円

〒102-0081　東京都千代田区四番町8-1
TEL (03) 3262-9166　FAX (03) 3262-9130
http://www.shokabo.co.jp/

裳華房 SHOKABO

表示価格は消費税を含みません

2001年11月現在